普通高校"十一五"规划教材

计算机组成原理实验教程

主 编 戚 梅 程 勇
副主编 东野长磊 张 瑞 鹿秀霞

北京航空航天大学出版社

内容简介

本书根据"计算机组成原理实验教程"课程教学基本要求及编者多年实验教学、科研和工程实践经验编写而成。课程适应面向新世纪教育、教学改革和科技发展的要求,是计算机科学与技术专业、电子通信、网络、信息等专业的一门必修的专业实验课程。

本教程针对 Dais 计算机组成原理实验系统,内容包括功能模块验证实验、整机实验及综合设计性实验。书中共分7章。第1章介绍了计算机硬件基础。第2~5章介绍了10个单元模块实验、1个模型机实验;每个实验都给出了实验的基本原理、实验内容以及操作步骤,其中第4章讲述的总线控制设计实验要求学生自行组织总线操作控制信号,有利于学生理解计算机内部的运行机制。第6章分别采用微程序控制器和硬布线逻辑控制器控制设计了两种模型机;同时介绍了模型机的设计方法、基本组成和工作原理。第7章主要介绍了 EDA 技术基础,包括 ABEL - HDL 硬件描述语言和 ispLEVER System 编译环境。这为计算机组成原理的后续实验课程——计算机系统结构实验的开发奠定了良好的基础。

本实验教程内容丰富,具有很强的实用性和综合性,突出动手能力和工程意识的培养。

本教程可以作为高等院校理工科计算机类及非计算机类专业计算机组成原理实验教材或专业培训教材,也可供相关专业工程技术人员参考。

图书在版编目(CIP)数据

计算机组成原理实验教程/戚梅等主编. —北京:北京航空航天大学出版社,2008.4
ISBN 978 - 7 - 81124 - 147 - 1

Ⅰ.计… Ⅱ.戚… Ⅲ.计算机体系结构-实验-高等学校-教材 Ⅳ.TP303

中国版本图书馆 CIP 数据核字(2008)第 035792 号

计算机组成原理实验教程
主 编 戚 梅 程 勇
副主编 东野长磊 张 瑞 鹿秀霞
责任编辑 金友泉

*

北京航空航天大学出版社出版发行
北京市海淀区学院路 37 号(100083) 发行部电话:010 - 82317024 传真:010 - 82328026
http://www.buaapress.com.cn E-mail:bhpress@263.net
北京时代华都印刷有限公司印装 各地书店经销

*

开本:787 mm×960 mm 1/16 印张:11.5 字数:258 千字
2008 年 4 月第 1 版 2008 年 4 月第 1 次印刷 印数:5 000 册
ISBN 978 - 7 - 81124 - 147 - 1 定价:16.00元

前　言

"计算机组成原理实验教程"是计算机科学与技术专业很重要的一门专业基础实验课程,是工科专业重要的实验环节之一,其工程性、技术性和实践性都很强。为了使理论教学和实践教学紧密结合,培养学生的动手能力和解决工程问题的能力,编写了这本《计算机组成原理实验教程》一书。

该实验教程是针对 Dais 计算机组成原理实验系统编写的。其内容丰富,基本覆盖整个课程的教学内容,并且遵从循序渐进的原则。其基本模块实验可以使学生掌握计算机的基本组成和工作原理,培养学生的基本技能和动手实践能力;模型机实验可以使学生对计算机的基本组成与运行原理有一个全面的了解;综合性与设计性实验帮助学生对计算机基本系统的软、硬件设计有一个较全面的认识,突出应用性,体现一定的趣味性,培养学生的综合能力和创新能力。

全书共分7章。第1章为计算机硬件基础。介绍了单总线结构计算机的系统组成及自动执行程序的原理。第2~4章和第5章主要介绍了单元模块实验及基本模型机实验的基本原理、实验内容以及操作步骤。主要安排了运算器实验、存储器读/写实验、外部存储器扩展实验、通用寄存器实验、缓冲输入/锁存输出实验、总线控制设计实验(Ⅰ、Ⅱ)、微程序控制单元实验、指令部件模块实验、时序与启停实验及基本模型机实验等内容。第4章中的总线控制设计实验要求学生自行组织总线操作控制信号,有利于学生理解计算机内部的运行机制。第6章综合性与设计性实验,主要介绍了模型机的设计方法。采用微程序控制器设计了带移位运算的模型机的设计与实现实验;采用组合逻辑控制器控制的方法,运用 ABEL-HDL 硬件描述语言及 ispLEVER System 编译环境,搭建了控制器模块,设计了硬布线逻辑控制器模型机的设计与实现实验;第7章主要介绍了 EDA 技术基础。通过对 ABEL-HDL 硬件描述语言、ispLEVER System 编译环境及部分实例的讲述,培养学生自行开发设计的能力,使学生学会使用大规模可编程逻辑器件(CPLD)以及 EDA 技术,使传统的计算机硬件实验软件化,更好地提高实验教学的效率和效果。附录 A 介绍了系统硬件环境;附录 B 介绍了键盘与显示系统的使用;附录 C 介绍了集成实验环境的使用;附录 D 介绍了实验装置系统布局图,附录 E 介绍了常用实验芯片的引脚及相关功能表。

　　本书由山东科技大学戚梅老师、程勇教授组织选定内容。第 1、2 章由张瑞、韩进老师编写,第 3、4 章由东野长磊、戚梅和泰山医学院鹿秀霞老师编写,第 5 章由程勇、东野长磊、付游老师编写,第 6、7 章由戚梅、程勇、张鹏老师编写,附录由张瑞、戚梅、王元红、张晓晖、宋爱美老师编写。在编写过程中,王立峰、潘朝亿、汤建喻、徐强、徐健健老师等参加了大量的绘图和校对工作。全书由戚梅老师、程勇教授负责统稿。陈新华教授、张秀娟教授审阅了全书内容。

　　由于时间仓促和编者水平有限,书中不当之处,敬请读者批评指正。

编　者
2008 年 1 月于青岛

目 录

第 1 章　计算机硬件基础 ………………………………………………………………… 1

　1.1　单总线结构计算机的系统组成 ………………………………………………… 1
　1.2　计算机自动执行程序的原理 …………………………………………………… 2

第 2 章　运算器及实验 …………………………………………………………………… 5

　2.1　运算器基本组成 ………………………………………………………………… 5
　2.2　运算器结构 ……………………………………………………………………… 6
　2.3　运算器和其他部件的联系 ……………………………………………………… 7
　2.4　运算器实验 ……………………………………………………………………… 7

第 3 章　存储器及实验 …………………………………………………………………… 15

　3.1　存储器基础 ……………………………………………………………………… 15
　3.2　存储器读/写实验 ……………………………………………………………… 19
　3.3　外部存储器扩展实验 …………………………………………………………… 23

第 4 章　总线及实验 ……………………………………………………………………… 28

　4.1　总线的概念及分类 ……………………………………………………………… 28
　4.2　总线的连接方式 ………………………………………………………………… 28
　4.3　通用寄存器实验(总线控制基础实验Ⅰ) ……………………………………… 29
　4.4　缓冲输入/锁存输出实验(总线控制基础实验Ⅱ) …………………………… 31
　4.5　总线控制设计实验Ⅰ …………………………………………………………… 33
　4.6　总线控制设计实验Ⅱ …………………………………………………………… 36

第 5 章　中央处理器及模型机实验 ……………………………………………………… 37

　5.1　CPU 的功能和组成 ……………………………………………………………… 37
　5.2　控制器的基本功能和结构 ……………………………………………………… 38
　5.3　控制器的控制方式与时序系统 ………………………………………………… 39
　5.4　模型机微程序控制器 …………………………………………………………… 40

- 5.5 微程序控制单元实验 …… 41
- 5.6 指令部件模块实验 …… 48
- 5.7 时序与启停实验 …… 52
- 5.8 基本模型机实验 …… 54

第 6 章 综合性与设计性实验 …… 63
- 6.1 带移位运算的模型机的设计与实现 …… 63
- 6.2 硬布线逻辑控制器模型机的设计与实现 …… 73

第 7 章 EDA 技术基础 …… 85
- 7.1 ABEL-HDL 简介 …… 85
- 7.2 ispLEVER 简介 …… 97
- 7.3 ispLEVER System 上机实例 …… 125
- 7.4 并行加法器设计实验 …… 126

附录 实验系统硬件使用及资料查阅 …… 133
- 附录 A 系统硬件环境 …… 133
- 附录 B 键盘与显示系统的使用 …… 145
- 附录 C 集成实验环境的使用 …… 157
- 附录 D 实验装置系统布局图 …… 170
- 附录 E 常用实验芯片引脚图及相关功能表 …… 171

参考文献 …… 178

第 1 章　计算机硬件基础

1.1　单总线结构计算机的系统组成

一个计算机系统由硬件和软件两大部分组成。硬件是指看得见、摸得着的设备实体,包括运算器、控制器、存储器、输入设备和输出设备等,如图 1.1 所示。软件则不能直接触摸,比如程序、文档等。构造硬件的基本思想是处理功能逻辑化,即用逻辑电路构造各种功能部件,如用门电路、触发器来构造运算器、控制器和存储器等。在硬件基础上,可以根据需要配置各种软件,如操作系统、编程语言和各种支撑软件等。

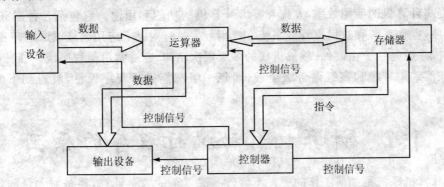

图 1.1　基本硬件结构图

计算机结构内各硬件的功能如下:

运算器　是用二进制进行算术和逻辑运算的部件。它由算术逻辑部件(ALU)和若干通用寄存器组成。它的主要功能是进行加、减、乘、除等算术运算和其他的逻辑运算。

存储器　是用来存放程序和数据的部件。存储器以单元为单位线性编址,按地址读写其单元。存储器的存储容量越大,存取速度就越快,则系统的处理能力也就越强,工作速度也就越高。

输入/输出设备　计算机由输入设备接收外部信息,而通过输出设备将信息送往外界。输入设备将各种形式的外部信息转换为计算机能够识别的代码形式送入主机。输出设备将计算机处理的结果转换为人们所能识别的形式输出。

控制器　负责协调上述部件的操作,发出控制命令,是计算机的指挥中心。它从存储器中取出指令,进行分析,然后发出由该指令规定的一系列微操作命令,控制所有其他部件,来完成指令规定的功能。

通常,把运算器、控制器以及缓冲器(cache)合在一起称为中央处理器,即 CPU。

根据图 1.1 可看出,在计算机中,基本上有两种信息在流动:一种为数据,即各种原始数据、中间结果、程序等;另一种即为控制命令,由控制器发出,控制输入设备输入程序和数据,控制运算器按一定的步骤进行各种运算和处理,控制存储器进行读写和控制输出设备的输出结果等。

因此,计算机的操作过程可以简单地归纳为以下几点:

(1) 它通过输入设备接收信息,包括程序和数据,并将其传送到存储器中。
(2) 经过控制器分析存放在存储器中的程序后,将其中的数据信息读取到运算器进行处理。
(3) 将处理的结果送到计算机的输出设备。
(4) 在计算机内部所有部件的活动都由控制器来指挥。

计算机软件一般分为系统程序和应用程序两大类。系统程序用来简化程序设计,简化使用方法,提高计算机的使用效率,发挥和扩大计算机的功能和用途。它包括各种服务程序、语言处理程序,操作系统和数据库管理系统。应用程序是针对某一应用领域或课题开发的软件。

计算机系统是一个由硬件、软件组成的多级层次结构,它通常由微程序级、一般机器级、操作系统级、汇编语言级和高级语言级组成;而每一级都能进行程序设计,且得到下面各级的支持。

1.2 计算机自动执行程序的原理

一个计算机系统是如何工作的呢?不管做一次复杂的数学计算,还是对大量的数据进行查询,或者对一个过程实现自动控制,用户都必须按照处理的步骤,用编程语言事先编写程序,然后通过输入设备(如键盘)将程序和需要处理的数据送入计算机,并存放在存储器中。用户编写的程序称为源程序,是不能被计算机直接执行的。计算机只能执行机器指令,即要求计算机完成某种操作的命令,简称指令。如执行加法操作的加法指令、执行乘法操作的乘法指令和执行传送操作的传送指令,等等。因此,计算机在运行程序之前,必须将源程序转换为指令序列,并将这些指令按一定顺序存放在存储器的若干单元中。每个单元都有一个固定的编号,称为地址。只要给出某个地址,就能访问相应的存储单元,并对该单元的内容进行读/写操作。

当计算机启动运行后,控制器将某个地址送往存储器,从该地址单元取回一条指令。控制器根据这条指令的含义,发出相应的操作命令,控制该指令的执行。比如执行一条加法指令,先要从存储单元或寄存器中取出操作数,送入运算器,再将两个操作数相加,并将运算处理的结果送回存储单元或寄存器存放。如果用户需要了解处理结果,则计算机通过输出设备(如显示器、打印机等),将结果显示在屏幕上,或打印在纸上。图 1.2 给出了计算机的简单工作流程。

从以上的描述可以看出，计算机作为一个处理信息的工具，首先需要解决两个最基本的问题：

第一，信息如何表示才能被计算机识别；

第二，采用什么工作方式才能使计算机自动地对信息进行处理。

对这两个问题的解决做出杰出贡献，并且产生深远影响的是一位美籍匈牙利数学家冯·诺依曼。他在1945年提出EDVAC依曼思想，采用这一思想体制的计算机就称为诺依曼机。几十年来，尽管计算机的体系结构发生了许多演变，但是诺依曼体制的核心思想仍然是普遍采用的结构原则。现在绝大多数实用的计算机仍属于诺依曼计算机。

存储程序工作方式是诺依曼思想的核心内容，它表明了计算机的工作方式，包含以下3个要点：事先编制程序；事先存储程序；自动、连续地执行程序。这3点体现了用计算机求解问题的过程，下面分别加以说明。

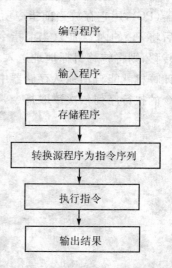

图1.2 计算机的简单工作流程

1. 根据求解问题事先编制程序

计算机处理任何复杂的问题都是通过执行程序来实现的。因此，在求解某个问题时，用户需要根据解决这个问题所采用的算法事先编制程序，规定计算机需要做哪些事情，按什么步骤去做。程序中还应提供需要处理的数据，或者规定计算机在什么时候、什么情况下从输入设备取得数据，或向输出设备输出数据。

2. 事先将程序存入计算机中

如前所述，用户用某种编程语言编写的程序称为源程序，它是由字符组成的，计算机不能识别。因此，需要通过输入设备将源程序转换为二进制代码，送入计算机的存储器中。这时的程序还不是指令代码，不能被计算机执行，还需通过一种起到翻译作用的程序，将源程序转换为符合某种格式的机器指令序列。所以，源程序最终将变为指令序列和原始数据，且被保存在存储器中，提供给计算机执行。

3. 计算机自动、连续地执行程序

若程序已经存储在计算机内部，则计算机被启动后，不需要人工干预，就能自动、连续地从存储器中逐条读取指令，按指令要求完成相应操作，直到整个程序执行完毕。当然，在某些采用人机对话方式工作的场合，也允许用户以外部请求方式干预程序的运行。指令和数据都以二进制代码的形式存放在存储器中，那么计算机如何区分它们？又如何自动地从存储器中读取指令呢？首先，将指令和数据分开存放。由于多数情况下程序是顺序执行的，因此大多数指令需要依次紧靠着存放,而将数据置于该程序区中不同的区间。其次,可以设置一个程序计数器(PC),用它存放当前指令所在的存储单元的地址。如果程序顺序执行,则在读取当前指令后将 PC 的内容加 1(当前指令只占用一个存储单元),指示下一条指令的地址。如果程序需要转移,则将转移目标地址送入 PC,以便按照转移地址读取后续指令。所以,依靠 PC 的指示,计算机就能自动地从存储器中读取指令,并根据指令提拱的操作数地址读取数据。即按照指令的执行序列依次读取指令,再根据指令所含的控制信息调用数据进行处理。

第 2 章 运算器及实验

运算器是计算机进行数据处理的执行部件,它可以对二进制信息进行各种算术和逻辑运算,也是计算机内部数据信息的重要通路。

2.1 运算器基本组成

不同的计算机,其运算器的结构也不一样,但大体上由以下几部分组成。

1. 算术逻辑运算单元(ALU)

ALU 是运算器的核心。现代计算机中的 ALU 已不是简单的全加器,而是可以快速地对两组数据进行多种算术和逻辑运算的运算部件。如集成电路 74LS181,是一种四位并行 ALU,可执行 16 种算术运算和 16 种逻辑运算,参见附录 E 关于 74LS181 的介绍。

ALU 除了能进行运算外,还是 CPU 内重要的数据集散枢纽,它的输入和输出端通常接有数据多路开关,如图 2.1 所示。输入多路开关在选择信号控制下,根据需要定时地选择某一路数据送到 ALU 去处理。输出多路开关则在选择信号控制下对 ALU 的输出数据进行某种后继处理,如左移、右移或并行传送等。

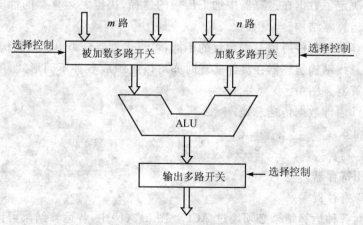

图 2.1 ALU 的多路开关

2. 累加器(ACC)

在运算器中,累加器通常用来提供第一操作数(源操作数)并存放运算结果。有些累加器还具有左移、右移、清零、并行接收等功能。所以也可兼做 ALU 的输出多路开关。运算器中的累加器可以只有一个,称为单累加器结构运算器;累加器也可以有多个,称为多累加器结构运算器。

3. 通用寄存器

运算器内一般都设有若干个通用寄存器,用于提供操作数或暂存中间结果。通用寄存器越多,对提高运算器性能和程序执行速度越有利;操作数由寄存器提供,可减少程序执行过程中 CPU 访问内存的次数。各种计算机的指令系统一般都设有寄存器操作指令,如:

ADD A,R1　　;把 R1 寄存器的内容加到累加器中

4. 专用寄存器

运算器内还设有若干个专用寄存器。这些专用寄存器有些对程序员是透明的,如 ALU 输入端的暂存器、ALU 输出缓冲寄存器等;有的专用寄存器对程序员是公开的,如程序状态字寄存器(PSW)和堆栈指示器(SP)等。

5. 移位线路

移位线路通常用来对 ALU 的结果或某个累加器内容进行逻辑移位或算术移位或其他移位。对于要求运算速度快、运算精度高的计算机,其运算器内部还有乘除部件和浮点运算部件,甚至有阵列乘法器和阵列除法器。而对运算速度要求不高的计算机,运算器内无乘除部件和浮点运算部件,通常用软件(子程序)来实现乘除功能和浮点运算功能。

2.2　运算器结构

运算器结构决定了数据在运算器中加工传输的途径,决定了运算器的性能。不同的计算机可以有不同的运算器结构。

根据连接运算器各部件所用总线数目的不同,可将运算器分为单总线结构、双总线结构和三总线结构。单总线结构运算器在具体实现时亦可以组织成数种不同形式,图 2.2 给出了两种简单结构的运算器。图中:

IDB　　CPU 内部数据传送总线;
ACC　　累加器;
TMP　　暂存器;
GR　　通用寄存器;
SR　　特殊寄存器。

图 2.2(a)中,各种运算结果必须经过 ACC。图 2.2(b)中,各运算结果可以经过内部总线送入任意一个通用寄存器中,属于多累加器结构;在这里虽然也有一个 ACC,但 ACC 的中心地位已不十分明显了。

运算器结构与指令系统相关。运算器结构应保证指令系统中指令的顺利执行,而指令系统的设计应顾及运算器结构。这使得计算机设计者必须注意到这一点。

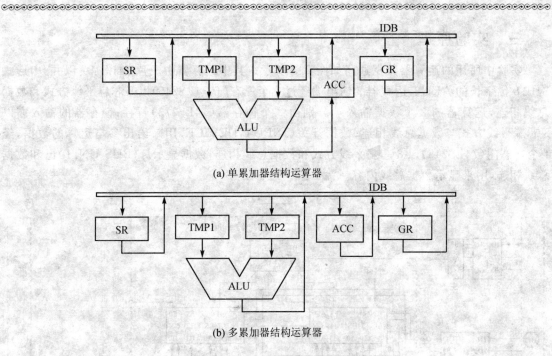

(a) 单累加器结构运算器

(b) 多累加器结构运算器

图 2.2　两种简单结构的运算器

2.3　运算器和其他部件的联系

运算器可从内存读取数据,也可把数据写入内存,并向内存发出访问内存的有效地址。

运算器的一切操作都是受控制器发出的命令控制,控制器根据指令执行的需要及时地向运算器发出操作控制信号,而运算器的一些状态标志及时反馈给控制器,供控制器了解执行情况。另外,运算器还可进行有效地址的计算,以支持较为复杂的寻址方式。

2.4　运算器实验

一、实验目的

(1) 掌握简单运算器的数据传输方式。
(2) 验证运算功能发生器(74LS181)及进位控制的组合功能。

二、实验要求

完成不带进位及带进位算术运算实验、逻辑运算实验,了解算术逻辑运算单元的运用。

三、实验原理

实验中所用的运算器数据通路如图 2.3 所示。其中运算器由两片 74LS181 以并/串形式构成 8 位字长的 ALU。运算器的输出端经过 1 个三态门(74LS245)以 8 芯扁平线方式和数据总线相连,运算器的 2 个数据输入端分别由 2 个锁存器(74LS273)暂存;锁存器的输入亦以 8 芯扁平线方式与数据总线相连;数据开关(INPUT DEVICE)用来给出参与运算的数据,经 1 个三态门(74LS245)以 8 芯扁平线方式和数据总线相连;数据显示灯(BUS UNIT)已和数据总线相连,用来显示数据总线内容。

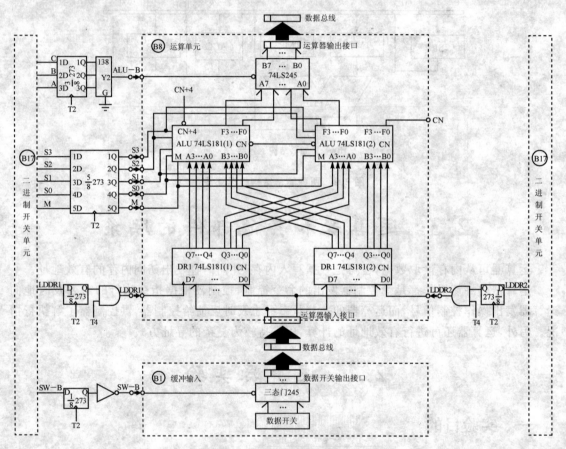

图 2.3 运算器电原理图

图 2.3 中,T2、T4 为时序电路产生的节拍脉冲信号,通过连接时序启停单元时钟信号"几几"来获得,剩余均为电平控制信号。本实验装置的按键分布见附录 D。进行实验时,首先按动复位按钮使系统进入初始待命状态,在 LED 显示器闪动位出现"P."的状态下,按【增址】

命令键使 LED 显示器自左向右的第 4 位显示提示符"L",表示本装置已进入手动单元实验状态。在该状态下按动【单步】命令键,即可获得实验所需的单脉冲信号,而 LDDR1、LDDR2、ALU-B、SW-B、S3、S2、S1、S0、CN、M 各电平控制信号用位于 LED 显示器上方的 26 位二进制开关来模拟,均为高电平有效。

四、实验连线

按图 2.4 所示连接以下实验电路:

(1) 总线接口连接 用 8 芯扁平线连接图 2.4 中所有标明"▦➡"或"▦⬅"图案的总线接口。

(2) 控制线与时钟信号"⊓⊓"连接 用双头实验导线连接图 2.4 中所有标明"○➡○"或"⬇"图案的插孔(注:Dais-CMH$^+$ 的时钟信号已作内部连接,图中 ZQ 为零标志显示灯,CY 为进位标志显示灯)。

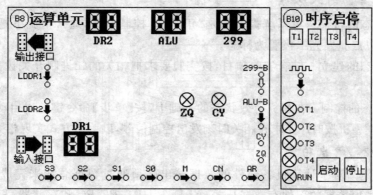

图 2.4 实验连线示意图

五、实验系统工作状态设定

在闪动的"P."状态下按动【增址】命令键,使 LED 显示器自左向右的第 4 位显示提示符"L",表示本装置已进入手动单元实验状态。

在"L"状态下,用位于如图 2.5 所示实验系统"B17 二进制开关单元"的 26 只拨动开关来模拟与微控制器相对应的控制信号。用手动加载正逻辑控制电平(即高电平信号"H")和按【单步】命令键产生的单周期 4 拍时序信号 T1、T2、T3、T4 的方法来实现和完成各单元实验所需的控制信号操作。

六、手动实验提示

1. 初始化操作

一旦进入"L"状态,首先应把"B17 二进制开关单元"的 26 只模拟开关拨至下方(即低电平信号"L"),使 26 只微控制状态指示灯为"暗";然后按【单步】命令键关闭全部控制信号锁存输出位,用手动方法完成微控制器的初始清零操作。在"L"状态下直接按【复位】按钮亦可完成微控制器的初始清零操作。

2. 控制信号的打入方法

(1) 有效状态的特征　本系统提供的是"正逻辑"控制电路,通常情况下把高电平"H"定义为有效状态,以点亮发光二极管为标志。

(2) 有效状态的建立　结合实验项目,按实验要求把相关的二进制开关拨向上方,点亮对应的发光二极管。

(3) 有效状态的控制　在建立有效状态的基础上,按【单步】命令键单次启动时序节拍信号 T1、T2、T3、T4,模型机按时序要求在相关时刻发出控制信号,以手动方式实现相关单元实验。

3. 总线输入/输出约定

(1) 输入约定　对于计算机各部件的数据输出必须通过数据总线来完成,模型机(实验箱)中可向总线送出数据的部件有数据开关、ALU、R0、R1、R2、PC 和存储器,相应的控制信号有 SW-B、ALU-B(299-B)、R0-B、R1-B、R2-B、PC-B 及存储器读(CE=1 且 WE=0)。为了避免总线冲突与竞争,模型机规定在同一机器周期内只能允许一个部件的数据占用总线,除 SW-B 和存储器读信号外,其余的控制信号由 3-8 译码器产生,其二进制开关模拟控制实现原理如图 2.5 所示。结合手动控制列举如下约定:

① 数据开关送总线　令 SW-B=1,CBA=000,CE=0;

② 存储器内容送总线　令 CE=1,SW-B=0,CBA=000;

③ 其他部件送总线　令 CBA=001~111,SW-B=0,CE=0。

(2) 输出共享　对于计算机各部件的数据输入可共享总线内容,即在同一机器周期内允许把当前数据同时送 2 个以上部件单元。结合手动控制举例如下:

把数据开关的内容送通用寄存器 R0、运算寄存器 DR1、地址寄存器 AR、指令寄存器 IR,令 SW-B=1,LDR0=1,LDDR1=1,LDAR=1,LDIR=1,然后按【单步】命令键即可实现总线数据共享。

第 2 章 运算器及实验

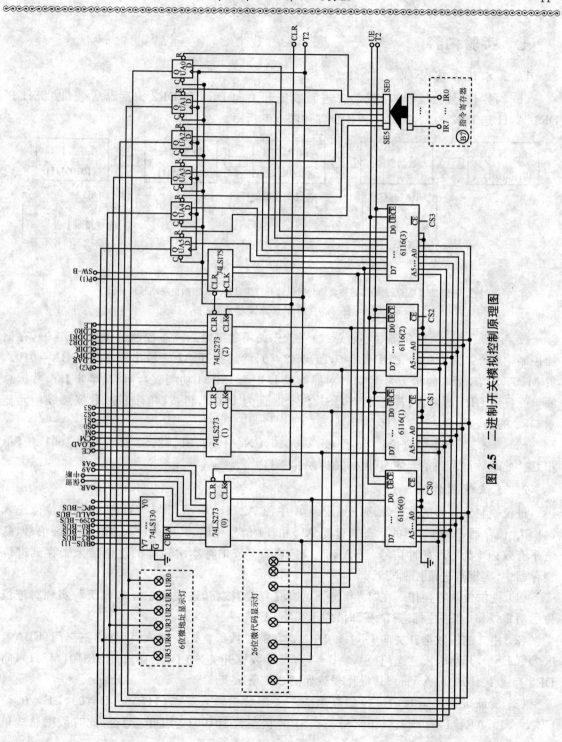

图 2.5 二进制开关模拟控制原理图

七、实验内容

1. 算术运算实验

（1）写操作（置数操作） 拨动二进制数据开关向 DR1 和 DR2 寄存器置数，以 65H 送 DR1，A7H 送 DR2 为例，其具体操作步骤如图 2.6 所示。

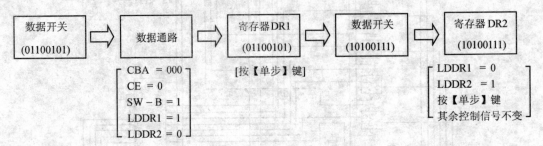

注：【单步】键的功能是启动时序电路并产生 T1～T4 四拍单周期脉冲。

图 2.6 算术运算实验步骤

（2）读操作（运算寄存器内容送总线） 首先关闭数据输入三态控制端（SW-B=0），存储器控制端 CE 保持为 0，令 LDDR1=0，LDDR2=0，然后打开 ALU 输出三态门（CBA=010），置 M、S0、S1、S2、S3 的状态为 11111（对照附录 D 中 74LS181 功能表），再按【单步】键，数据总线单元显示 DR1 的内容；若把 M、S0、S1、S2、S3 置为 10101，再按【单步】键，数据总线单元显示 DR2 的内容。

（3）算术运算（不带进位加） 置 CBA=010，CN、M、S0、S1、S2、S3 状态为 101001，按【单步】键，此时数据总线单元应显示 00001100（0CH）。

2. 进位控制实验

进位控制运算器的实验原理图见附录 A 中图 A.1(b)所示，其中 74LS181 的进位位进入 74LS74 锁存器 D 端，该端的状态锁存受 AR 和 T4 信号控制，其中 AR 为进位位允许信号，高电平有效；T4 为时序脉冲信号，当 AR=1 时，在 T4 节拍将本次运算的进位结果锁存到进位锁存器中，实现带进位控制实验。

（1）进位位清零操作 在"L"状态下，按动【复位】按钮，进位标志灯 CY"灭"，实现对进位位的清零操作（当进位标志灯"亮"时，表示 CY=1）。

（2）用二进制数据开关向 DR1 和 DR2 寄存器置数 首先关闭 ALU 输出三态门（CBA=000）、CE=0，开启输入三态门（SW-B=1），设置数据开关，向 DR1 存入 01010101（55H），向 DR2 存入 10101010（AAH），其操作步骤如图 2.7 所示。

（3）验证带进位运算的进位锁存功能 关闭数据输入三态门（SW-B=0）、CE=0，使 CBA=010，AR=1，置 CN、M、S0、S1、S2、S3 的状态为 101001，按【单步】键，此时数据总线单

第 2 章 运算器及实验

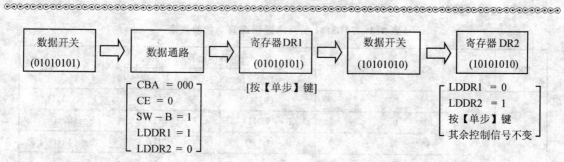

图 2.7 置数操作步骤图

元显示的数据为 DR1+DR2；若进位标志灯 CY"亮"，表示有进位；反之，无进位。

3. 逻辑运算实验

（1）写操作（置数操作）　拨动二进制数据开关向 DR1 和 DR2 寄存器置数，以 65H 送 DR1，A7H 送 DR2 为例，具体操作步骤如图 2.8 所示。

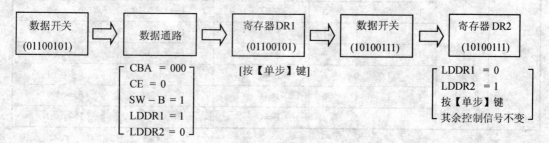

图 2.8 写操作步骤图

（2）读操作（运算寄存器内容送总线）　首先关闭数据输入三态控制端（SW-B=0），存储器控制端 CE 保持为 0，令 LDDR1=0，LDDR2=0，然后打开 ALU 输出三态门（CBA=010），M、S0、S1、S2、S3 的状态设置为 11111，再按【单步】键，数据总线单元显示 DR1 的内容；若把 M、S0、S1、S2、S3 的状态设置为 10101，再按【单步】键，数据总线单元显示 DR2 的内容。

（3）逻辑或非运算　逻辑或非运算的方法是置 CBA=010，M、S0、S1、S2、S3 状态置为 11000，按【单步】键，此时数据总线单元应显示 00011000（18H）。

八、实验思考

验证 74LS181 的算术逻辑运算功能。

在给定 DR1=35H，DR2=48H 的情况下，改变运算器的功能设置；按【单步】键，观察运算器的输出，填入表 2.1 中，并和理论分析进行比较。

表 2.1 74LS181 的算术逻辑运算功能验证表

DR1	DR2	S3	S2	S1	S0	M=0(算术运算)		M=1(逻辑运算)
						CN=1 无进位	CN=0 有进位	
35H	48H	0	0	0	0	F=(35H)	F=(36H)	F=(CAH)
		0	0	0	1	F=(7DH)	F=(7EH)	F=(82H)
		0	0	1	0	F=(B7H)	F=(B8H)	F=(48H)
		0	1	0	0	F=( )	F=( )	F=( )
		0	1	0	1	F=( )	F=( )	F=( )
		0	1	1	0	F=( )	F=( )	F=( )
		0	1	1	1	F=( )	F=( )	F=( )
		1	0	0	0	F=( )	F=( )	F=( )
		1	0	0	1	F=( )	F=( )	F=( )
		1	0	1	0	F=( )	F=( )	F=( )
		1	0	1	1	F=( )	F=( )	F=( )
		1	1	0	0	F=( )	F=( )	F=( )
		1	1	0	1	F=( )	F=( )	F=( )
		1	1	1	0	F=( )	F=( )	F=( )
		1	1	1	1	F=( )	F=( )	F=( )

第3章 存储器及实验

存储器是计算机系统中的记忆设备,用来存放程序和数据。

3.1 存储器基础

一、存储器分类

根据存储材料的性能及使用方法不同,存储器有各种不同的分类方法。

1. 按存储介质分类

半导体存储器:用半导体器件组成的存储器。

磁表面存储器:用磁性材料做成的存储器,如磁盘、磁带。

光介质存储器:存储介质为金属或磁性材料,但通过激光束来读/写信息的存储器,如光盘等。

2. 按存储方式分类

随机存储器:任何存储单元的内容都能被随机存取,且存取时间和存储单元的物理位置无关。

顺序存储器:只能按某种顺序来存取,存取时间和存储单元的物理位置有关。

3. 按存储器的读写功能分类

只读存储器(ROM):是一种存储内容固定不变,且只能读出而不能写入的存储器。

随机读写存储器(RAM):既能读出又能写入的半导体存储器。

4. 按信息的可保存性分类

易失性存储器:断电后信息立即消失的存储器。

永久记忆性存储器:断电后仍能保存信息的存储器。

5. 按在计算机系统中的作用分类

根据存储器在计算机系统中所起的作用,可分为主存储器、辅助存储器、高速缓冲存储器和控制存储器等。

二、存储器的分级结构

为了解决对存储器要求容量大,速度快,成本低三者之间的矛盾,目前通常采用多级存储器体系结构(见图3.1),即使用高速缓冲存储器、主存储器和外存储器。每级存储器的用途和特点如表3.1所列。

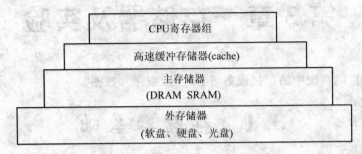

图3.1 多级存储器体系结构

表3.1 存储器的用途和特点

名称	简称	用途	特点
高速缓冲存储器	cache	高速存取指令和数据	存取速度快,但存储容量小
主存储器	主存	存放计算机运行期间的大量程序和数据	存取速度较快,存储容量不大
外存储器	外存	存放系统程序和大型数据文件及数据库	存储容量大,位成本低,但速度慢

三、主存储器的技术指标

下面列出主存储器的主要几项技术指标:

1. 存储容量

存储容量是指在一个存储器中可以容纳的存储单元总数,用于反映存储空间的大小。其单位为字数或字节数(B),通常采用 MB、GB、TB 等单位。

2. 存储速度

存储器的速度用以下3个指标来反映:

(1) 存取时间　从启动访问存储器的操作到完成一次操作所经历的时间,单位为纳秒(ns)。

(2) 存储周期　连续启动两次独立的存储器操作所需间隔的最小时间,单位为纳秒(ns),存储周期略大于存取时间。

(3) 存储器带宽　也称传输速率,单位时间里存储器所存取的信息量,单位为位/秒(b/s),或字节/秒(B/s),带宽是衡量数据传输速率的重要技术指标。

3. 存储器价格

价格分总价格和每位价格。价格是衡量经济性能的重要指标。

4. 存储器可靠性

存储器的可靠性是指在规定时间内存储器无故障工作情况,一般用平均无故障时间衡量。

四、存储器的扩展

CPU 对存储器进行读/写操作,首先由地址总线给出地址信号,然后发出读操作或写操作的控制信号,最后在数据总线上进行信息交流。因此,存储器同 CPU 连接时,要完成地址总线、数据总线和控制总线的连接。

存储器芯片的容量是有限的,为了满足实际存储器的容量要求,需要对存储器进行扩展。主要方法有:

1. 位扩展法

只加大字长,而存储器的字数与存储器芯片字数一致,各存储器芯片的片选输入端连在一起统一控制,如果存储器只有一组存储芯片,可将它们的片选端直接接地。

使用 8 K×1 位的 RAM 存储器芯片,组成 8 K×8 位的存储器。8 片存储芯片并联起来,将所有芯片的地址总线、片选线及读/写线分别对应并联,而数据线分别引出连接 8 条数据总线,如图 3.2 所示。

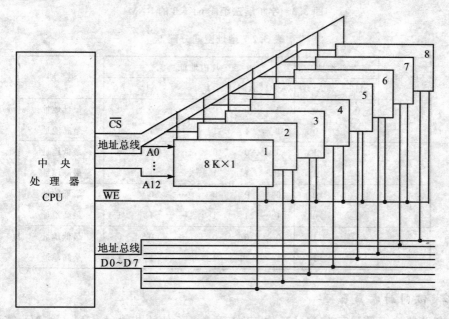

图 3.2 位扩展法组成 8 K 的 RAM

2. 字扩展法

仅在字向扩充,而位数不变,需由片选信号来区分各片地址。

用 16 K×8 位的芯片采用字扩展法组成 64 K×8 位的存储器,连接如图 3.3 所示。将芯片的地址线、数据线、读/写线分别对应并联,但将片选信号分开,可以用译码器把地址线的高位地址译码后,译码器输出端分别连接不同的存储芯片。地址空间分配如表 3.2 所列。

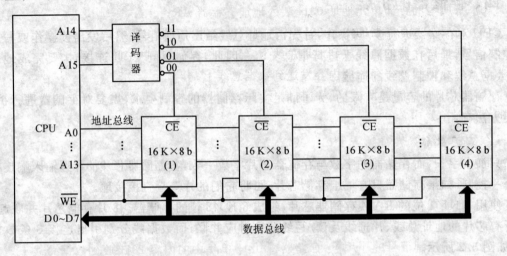

图 3.3　字扩展法组成 64 KB 的 RAM

表 3.2　地址空间分配

片　号	片外地址		片内地址					说　明
	A15	A14	A13	A12	A11	…	A1	A0	
(1)	0	0	0	0	0	…	0	0	最低地址
	0	0	1	1	1	…	1	1	最高地址
(2)	0	1	0	0	0	…	0	0	最低地址
	0	1	1	1	1	…	1	1	最高地址
(3)	1	0	0	0	0	…	0	0	最低地址
	1	0	1	1	1	…	1	1	最高地址
(4)	1	1	0	0	0	…	0	0	最低地址
	1	1	1	1	1	…	1	1	最高地址

3. 字、位同时扩展法

一个存储器的容量假定为 $M×N$ 位,若使用 $L×K$ 位的芯片($L<M,K<N$),需要在字向和位向同时进行扩展,此时共需要 $(M/L)×(N/K)$ 个存储器芯片。

五、存储器的操作

1. 存储器写操作

假定 CPU 要把数据寄存器 DR 中的内容 00110000 即 30H 写入存储器 03H 单元,其操作

过程如图 3.4 所示,其步骤如下:

(1) 将所写的存储单元地址 03H 装入地址寄存器 AR;
(2) 将要写入存储器的内容 30H 传送到数据缓冲寄存器 DR 中;
(3) 地址寄存器的内容放到地址总线上,经地址译码器选中 03H 单元;
(4) 把数据缓冲寄存器的内容发送到数据总线上;
(5) CPU 向存储器发送"写"控制信号,在该信号的控制下,数据总线上的数写入到所选中的存储器单元中。

2. 存储器读操作

假定 CPU 要读出存储器 02H 单元的内容 20H,其操作过程如图 3.5 所示,步骤如下:

(1) 将所读的存储单元地址 02H 装入地址寄存器 AR;
(2) 地址寄存器的内容放到地址总线上,经地址译码器译码选中 02H 单元;
(3) CPU 发出"读"控制信号给存储器;
(4) 在读控制信号的作用下,存储器将 02H 单元中的内容 20H 放到数据总线上,经它送至数据寄存器 DR,然后由 CPU 取走该内容作为所需要的信息使用。

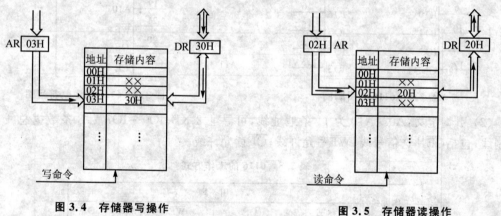

图 3.4　存储器写操作　　　　　图 3.5　存储器读操作

3.2　存储器读/写实验

一、实验目的

熟悉存储器和总线组成的硬件电路。

二、实验要求

按照实验步骤完成实验项目,利用存储器和总线传输数据。

三、实验原理

1. 静态 RAM 芯片 6116（2 KB×8 位）

(1) RAM 芯片 6116 采用 CMOS 工艺制作，采用 +5 V 电源，额定功耗 150 mW，典型存取时间为 200 ns，封装形式为 24 线双列直插式。其引脚与逻辑符号如图 3.6 和图 3.7 所示，芯片 6116 的工作方式如表 3.3 所列。

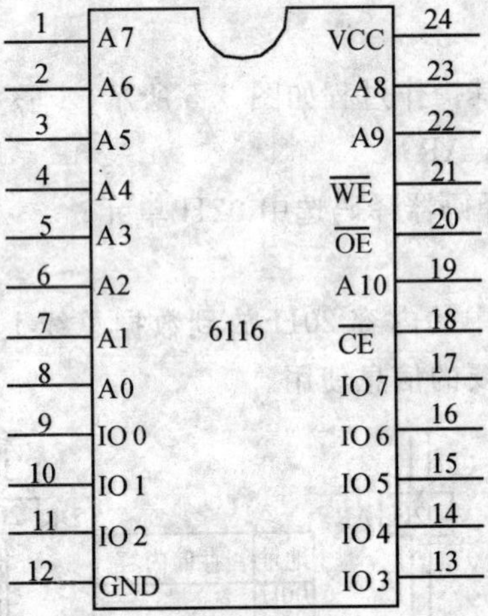

图 3.6　6116 的引脚图

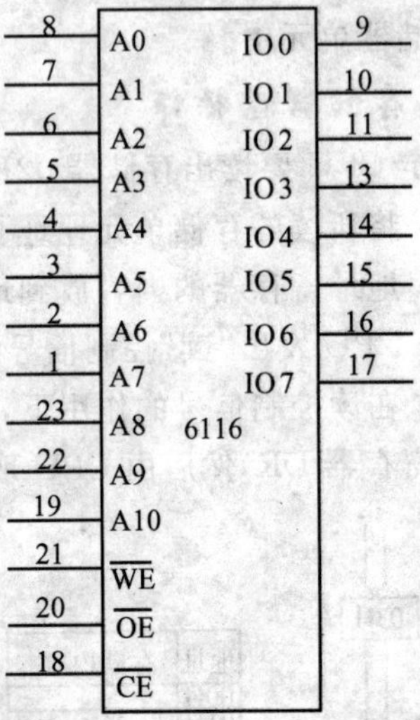

图 3.7　6116 的逻辑符号图

(2) 引脚定义：A0～A10 为 11 条地址线，可寻址 2 KB；IO0～IO7 为 8 条数据总线；3 根控制线，包括 $\overline{CE}$ 片选信号线；$\overline{WE}$ 写允许线；$\overline{OE}$ 读允许线。

表 3.3　6116 的工作方式

工作方式	引脚			
	$\overline{CE}$	$\overline{OE}$	$\overline{WE}$	IO0～IO7
写	V_{IL}	V_{IH}	V_{IL}	D_{IN}
读	V_{IL}	V_{IL}	V_{IH}	D_{OUT}
未选中	V_{IH}	任意	任意	任意
写	V_{IL}	V_{IL}	V_{IL}	D_{IN}

2. 实验说明

实验所用的半导体静态存储器电路原理如图 3.8 所示。该静态存储器由一片 6116（2 K×8 b）构成，其数据线（D7～D0）以 8 芯扁平线方式和数据总线（D7～D0）相连接，地址线由地址锁存器（74LS273）给出。而地址锁存器的输入/输出通过 8 芯扁平线分别连至数据总线接口和存储器地址接口。地址显示单元显示 AD7～AD0 的内容。数据开关经一三态门

第 3 章 存储器及实验

(74LS245)以 8 芯扁平线方式连至数据总线接口,分时给出地址和数据。

6116 有 3 根控制线。当片选有效 $\overline{CE}=0$ 和 $\overline{OE}=0$ 时进行读操作;当 $\overline{WE}=0$ 时进行写操作。本实验中将 $\overline{OE}$ 引脚接地,在此情况下,当 $\overline{CE}=0$ 和 $\overline{WE}=1$ 时进行读操作;当 $\overline{CE}=0$ 和 $\overline{WE}=0$ 时进行写操作,其写时间与 T3 脉冲宽度一致。实验时 T3 脉冲由【单步】命令键产生,其他电平控制信号由二进制开关模拟,其中 SW - B、LDAR 均为高电平有效;而 $\overline{WE}$ 为读/写(W/R)控制信号,当 $\overline{WE}=0$ 时进行写操作,当 $\overline{WE}=1$ 时进行读操作。

6116 有地址线 11 条,实验中将 A10、A9、A8 接地,实际可用的地址线只有 8 条,可用的存储容量由 2 KB 则降为 256 B,但不影响实验效果,只用 1 片 8D 锁存器(74LS273)作为地址寄存器,简化了设计。

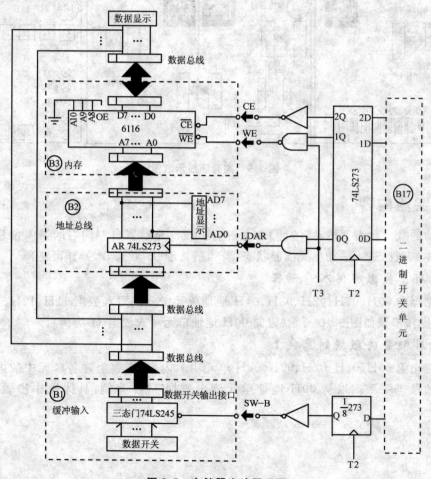

图 3.8 存储器实验原理图

四、实验连线

按图 3.9 所示连接实验电路：

（1）总线接口连接　用 8 芯扁平线连接图中所有标明"▦➡▦"或"▦⬅▦"或"▦⬌▦"图案的总线接口。

（2）控制线与时钟信号"⊓⊔⊓⊔"连接　用双头实验导线连接图中所有标明"○➡○"或"↧"图案的插孔（注：Dais-CMH⁺ 的时钟信号已作内部连接）。

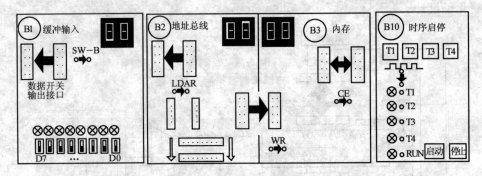

图 3.9　实验连线示意图

五、实验内容

在闪动的"P."状态下按动【增址】命令键，使 LED 显示器自左向右的第 4 位显示提示符"L"，表示本装置已进入手动单元实验状态（若当前处于"L"状态，本操作可略）。

1. 内部总线数据写入存储器

给存储器的 00H、01H、02H、03H、04H 地址单元中分别写入数据 11H、12H、13H、14H、15H，具体操作步骤如图 3.10 所示（以向 00H 地址单元写入数据 11 为例）。

2. 读存储器的数据到总线上

依次读出第 00H、01H、02H、03H、04H 单元中的内容，观察上述各单元中的内容是否与前面写入的数据一致。以从 00H 地址单元读出数据 11H 为例，具体操作步骤如图 3.11 所示。

第 3 章 存储器及实验

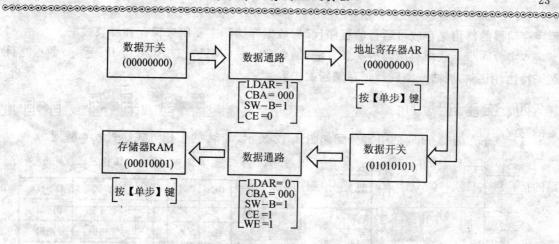

注：【单步】键的功能是启动时序电路产生 T1～T4 四拍单周期脉冲。

图 3.10　内部总线数据写入存储器

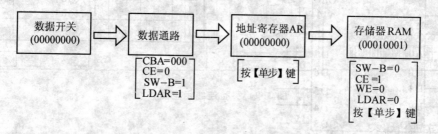

图 3.11　读存储器数据到总线过程

3.3　外部存储器扩展实验

一、实验目的

（1）了解外部存储器的扩展方法，本实验以扩展 6116 静态存储器为例。
（2）熟悉外部存储器的读、写控制方法。

二、实验设备

（1）Dais-CMH$^+$ 计算机组成原理教学实验系统 1 台；
（2）6116 静态存储器 1 片，双头实验导线、排线若干。

三、实验原理

在计算机的构造中，存储器按功能可分为程序存储器（ROM）和数据存储器（RAM）两种。

程序存储器的作用是存放可运行的程序代码;数据存储器主要用来保存和释放数据。

本实验列举了数据存储器的扩展方法,结合 Dais-CMH$^+$ 仅提供 8 位 PC 程序/数据指针这一特性,用字扩展法来实现数据存储器的扩容。

四、实验连线

(1) 静态存储器 6264 的引脚分配如图 3.12 所示,6264 的工作方式如表 3.4 所列。

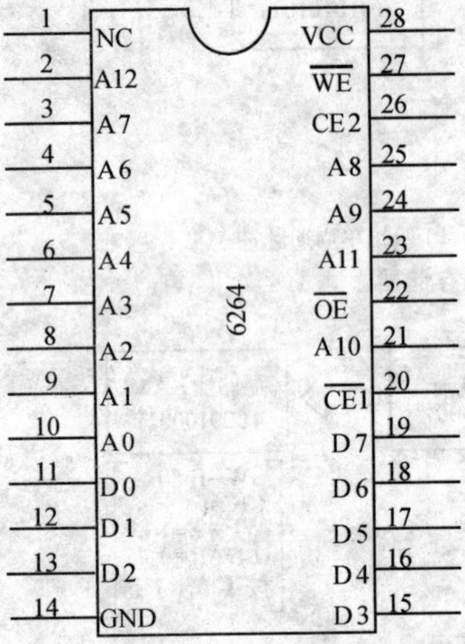

表 3.4　6264 的工作方式

$\overline{CE1}$	CE2	$\overline{WE}$	$\overline{OE}$	方式	D7~D0
H	×	×	×	未选中	高阻
×	L	×	×	未选中	高阻
L	H	H	H	输出无效	高阻
L	H	H	L	读	输出
L	H	L	H	写	输入
L	H	L	L	写	输入

图 3.12　6264 静态存储器引脚排列

(2) 将芯片 6264 装到"B12 扩展单元"28 芯锁紧插座上,以图 3.8 为基础再作如下改动:

① 6264 数据引脚 D7~D0 与系统数据总线 D7~D0 相连。

② 6264 低位地址引脚 A7~A0 与系统地址总线 A7~A0 相连;高位地址引脚 A12、A11、A10、A9、A8 分别连至 M14、M13、M12、M11、M10(见表 5.1 微指令格式对照表)由"B17 二进制开关单元"的 M、S0、S1、S2、S3 状态来设定,在对某单元操作过程中其值不变。

③ 6264 片选信号 $\overline{CE1}$ 引脚与 A9、A8 译码输出端 Y2 相连(当 A9=1、A8=0 时,选中 Y2);CE2 与 +5 V(VCC) 相连。

④ 6264 读写控制信号 $\overline{WE}$、$\overline{OE}$ 分别与系统 WR、RD 信号相连。

⑤ 6264 第 1 脚、第 28 脚与电源 VCC 相连;第 14 脚与地 GND 相连。

第3章 存储器及实验

五、实验内容

1. 工作方式的设定

在待命"P."状态下按动【增址】命令键,将实验系统切换至"L"单元手动状态。

2. 将数据总线内容写入外部存储器

6264是一个具有8KB存储空间的静态存储器,其寻址范围为0000H～1FFFH。下面以向0000H地址单元写入数据55H为例,低位地址00H设定"B1 缓冲输入单元"的数据开关来打入AR地址寄存器;高位地址00H过对"B17 二进制开关单元"的M、S0、S1、S2、S3开关的设定来获得(00000,00H)。其操作步骤如图3.13所示。

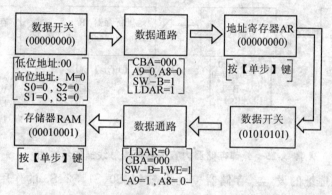

注:【单步】键的功能是启动时序电路产生T1～T4四拍单周期脉冲。

图3.13 数据总线内容写入外部存储器操作示意图(一)

再以向1FFFH地址单元写入数据AAH为例,将低位地址FFH通过设定"B1 缓冲输入单元"的数据开关来打入AR地址寄存器;高位地址1FH通过对"B17 二进制开关单元"的M、S0、S1、S2、S3开关的设定来获得(11111,1FH)。其操作步骤如图3.14所示。

3. 将外部存储器内容读到数据总线

以将0000H地址单元数据55H读到数据总线为例,其操作步骤如图3.15所示。

操作后数据总线应显示0000H地址单元的数据为55H。其他地址单元数据的读写操作可参照上述步骤进行。

4. 6264静态存储器高位地址的设定

6264高位地址引脚A12、A11、A10、A9、A8分别连至M14、M13、M12、M11、M10插孔,由对应的"B17 二进制开关单元"的M、S0、S1、S2、S3开关状态来设定,即可通过改变其开关状

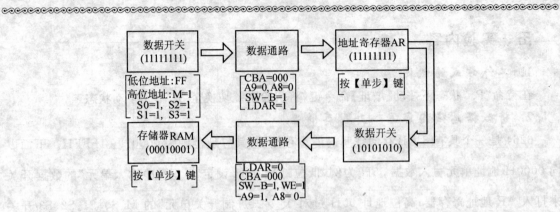

图 3.14 数据总线内容写入外部存储器操作示意图(二)

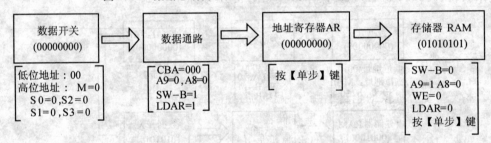

图 3.15 外部存储器内容读到数据总线操作示意图

态实现对 6264 高位地址的设定。存储器扩展状态 M、S0、S1、S2、S3 的作用是向 A12～A8 提供页地址,其真值表如表 3.5 所列。

表 3.5 控制开关与高位地址对应

控制开关	M	S0	S1	S2	S3	控制开关	M	S0	S1	S2	S3
高位地址	A12	A11	A10	A9	A8	高位地址	A12	A11	A10	A9	A8
00H	0	0	0	0	0	10H	1	0	0	0	0
01H	0	0	0	0	1	11H	1	0	0	0	1
02H	0	0	0	1	0	12H	1	0	0	1	0
03H	0	0	0	1	1	13H	1	0	0	1	1
04H	0	0	1	0	0	14H	1	0	1	0	0
05H	0	0	1	0	1	15H	1	0	1	0	1
06H	0	0	1	1	0	16H	1	0	1	1	0
07H	0	0	1	1	1	17H	1	0	1	1	1

续表 3.5

| 控制开关 | M | S0 | S1 | S2 | S3 | 控制开关 | M | S0 | S1 | S2 | S3 |
高位地址	A12	A11	A10	A9	A8	高位地址	A12	A11	A10	A9	A8
08H	0	1	0	0	0	18H	1	1	0	0	0
09H	0	1	0	0	1	19H	1	1	0	0	1
0AH	0	1	0	1	0	1AH	1	1	0	1	0
0BH	0	1	0	1	1	1BH	1	1	0	1	1
0CH	0	1	1	0	0	1CH	1	1	1	0	0
0DH	0	1	1	0	1	1DH	1	1	1	0	1
0EH	0	1	1	1	0	1EH	1	1	1	1	0
0FH	0	1	1	1	1	1FH	1	1	1	1	1

六、实验思考

（1）本实验装置提供的主存是哪一种类型的存储器？请在下列三个答案中选一。
　　　A. 程序存储器　　　B. 数据存储器　　　C. 程序/数据复合存储器
（2）如何利用本实验装置提供的资源扩展 1 个 32 KB 的存储器？

第4章 总线及实验

总线是计算机中连接各个功能部件的纽带,是计算机各部件之间进行信息传输的公共通路。总线结构是决定计算机性能、功能、可扩展性和标准化程度的重要因素。

本章简要介绍了总线的分类和连接方式。还安排了两个实验:总线基本实验和总线控制设计实验。

4.1 总线的概念及分类

1. 总线的基本概念

总线是一组能为多个部件共享的信息传送线路,同一时刻只允许一个部件向总线发送信息,允许多个部件同时接收信息。

2. 总线的分类

总线可以有不同的分类方法:

按总线在计算机系统中所处的地位可分为:内部总线、系统总线和外部总线。

按数据的传送格式可分为:并行总线和串行总线。

按时序控制方式可分为:同步总线和异步总线。

按总线的传送方向可分为:单向总线和双向总线。

4.2 总线的连接方式

单机系统中采用的总线结构有三种基本类型:单总线结构、双总线结构和三总线结构。微型计算机中多采用单总线结构。

使用一条单一的总线来连接 CPU、内存及 I/O 设备叫单总线结构,如图 4.1 所示。

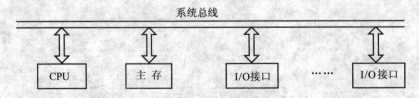

图 4.1 单总线结构

这种连接方式结构简单,所有的部件都挂在同一个总线上,因总线只能分时地工作,所以信息的传送率受到一定限制。系统总线包括地址总线、数据总线和控制总线。

4.3 通用寄存器实验(总线控制基础实验Ⅰ)

一、实验目的

(1) 熟悉通用寄存器概念。
(2) 熟悉通用寄存器的组成和硬件电路。

表 4.1 通用寄存器单元选通真值表

C	B	A	选 择
1	0	0	R0-B
1	0	1	R1-B
1	1	0	R2-B

二、实验要求

完成通用寄存器的数据写入与读出。

三、实验原理

实验中所用的通用寄存器数据通路如图 4.2 所示。由三片 8 位字长的 74LS374 组成寄存器 R0、R1、R2。三个寄存器的输入接口用一个 8 芯扁平线连至 BUS 总线接口,而三个寄存器的输出接口用一 8 芯扁平线连至 BUS 总线接口。图中 R0-B、R1-B、R2-B 经 CBA 二进制控制开关译码器(74LS138)产生数据输出选通信号(详见表 4.1),LDR0、LDR1、LDR2 为数据写入允许信号,由二进制控制开关模拟,均为高电平有效;T4 信号为寄存器数据写入脉冲,上升沿有效。在手动实验状态(即"L"状态)每按动一次【单步】命令键,产生一次 T4 信号。

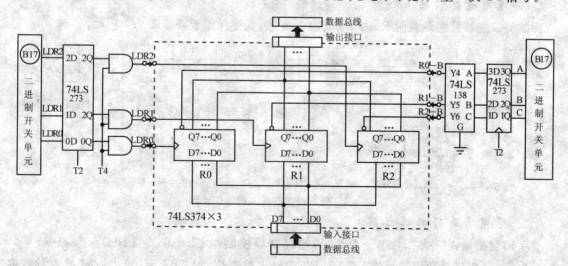

图 4.2 通用寄存器单元电路

四、实验连线

按图 4.3 所示连接实验电路具体方法如下：

（1）**总线接口连接** 用 8 芯扁平线连接图 4.3 中所有标明"▐▶▐"或"▐◀▐"图案的总线接口。

（2）**控制线与时钟信号"⊓⊔⊓⊔"连接** 用双头实验导线连接图 4.3 中所有标明"○➔○"或"⬇"图案的插孔（注：Dais-CMH$^+$ 的时钟信号已作内部连接）。

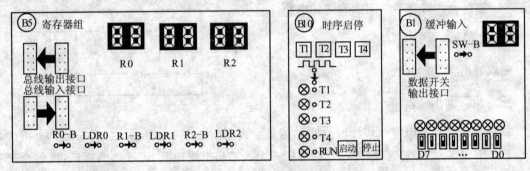

图 4.3 实验连线示意图

五、实验内容

1. 通用寄存器的写入

拨动二进制数据开关向 R0 和 R1 寄存器置数，具体操作步骤如图 4.4 所示。

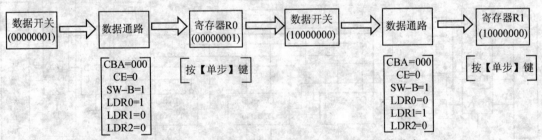

注：【单步】键的功能是启动时序电路产生 T1～T4 四拍单周期脉冲。

图 4.4 通用寄存器写入的操作步骤

2. 通用寄存器的读出

关闭数据输入三态门（SW－B＝0），使存储器控制端 CE＝0，令 LDR0＝0，LDR1＝0，LDR2＝0，分别打开通用寄存器 R0、R1、R2 的输出控制位，置 CBA＝100 时，按【单步】键，数据总线单元显示 R0 中的数据 01H；置 CBA＝101 时，按【单步】键，数据总线单元显示 R1 中的数据80H；置CBA=110时，按【单步】键，数据总线单元显示R2中的数据（随机）。

4.4 缓冲输入/锁存输出实验
（总线控制基础实验Ⅱ）

一、实验目的

掌握输入/输出的硬件电路。

二、实验要求

了解输入/输出电路的应用。

三、实验原理

实验中所用的输入设备单元如图4.5所示，输出设备单元如图4.6所示。其中输入设备有8位带显示数据开关经一个三态门（74LS245）用8芯扁平线方式和数据总线相连。输出设备经一锁存器（74LS273）实现；该锁存器的8位输入端用8芯扁平线方式和数据总线相连，其锁存输出端通过8芯扁平线与8个发光二极管的显示接口相连；该显示接口以二进制方式显示输出结果（灯亮表示该输出位为1，灯灭表示该输出位为0）。

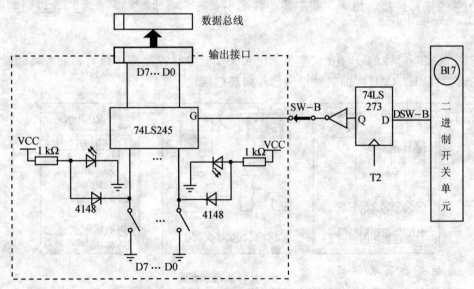

图4.5 输入设备单元

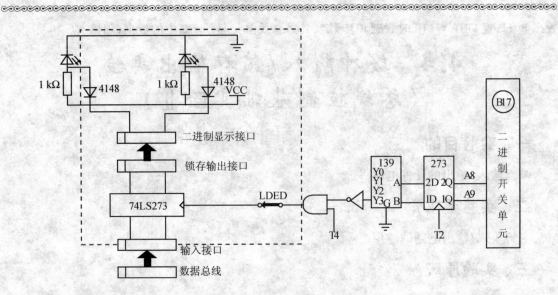

图 4.6 输出设备单元

四、实验连线

按图 4.7 所示连接实验电路：

（1）总线接口连接 用 8 芯扁平线连接图中所有标明"▦➡▦"或"▦⬅▦"图案的总线接口。

（2）控制线与时钟信号"⊓⊔⊓⊔"连接 用双头实验导线连接图中所有标明"○➡○"或"↓"图案的插孔（注：Dais-CMH$^+$ 的时钟信号已作内部连接）。

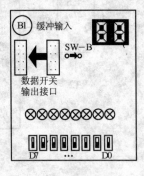 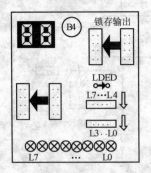 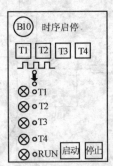

图 4.7 实验连线示意图

五、实验内容

输入设备缓冲输入经输出设备锁存输出的实验步骤如图4.8所示。

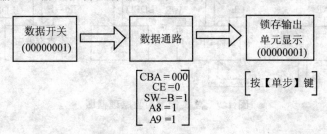

注:【单步】键的功能是启动时序电路产生 T1~T4 四拍单周期脉冲。

图 4.8 输入设备缓冲输入经输出设备锁存输出的实验步骤

令 CE=0,CBA=000,置 SW-B=1,置 A8=1,A9=1(选中 Y3,Y3 由系统控制线 LDED 使用,详见图 A.16),然后将数据开关设置为 00000001,按【单步】键产生单周期四拍制脉冲,把数据开关所设定的 00000001 锁存输出至显示接口,8 位输出数据灯应显示 00000001;改变数据开关的设置,再按【单步】键,可把当前数据开关的内容锁存输出至 8 位显示单元显示。

4.5 总线控制设计实验 I

一、实验目的

(1) 理解总线的概念及其特性。
(2) 掌握总线传输控制方法。

二、实验设备

Dais 计算机组成原理教学实验系统一台,排线若干。

三、实验内容

1. 总线的基本概念

总线是多个功能部件之间进行数据传送的公共通路。借助总线,计算机在系统各部件之间实现地址、数据和控制信息的传送。

2. 实验原理

总线传输实验原理如图4.9所示。它将几种不同的设备挂到总线上,有存储器、输入设备、输出设备、寄存器。这些设备都需要有三态输出控制,按照传输要求恰当有序的控制就可以实现总线信息传输。

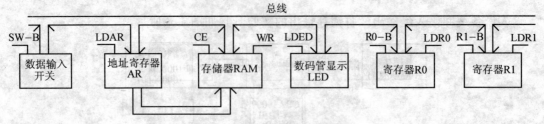

图 4.9 总线传输实验原理框图

3. 实验要求

根据在总线上的几个基本部件，设计一个简单的流程。

（1）将一个数据通过输入设备打入 R0 寄存器。
（2）将另一个数据通过输入设备打入地址寄存器。
（3）将 R0 寄存器中的数据写入到当前地址的存储单元中。
（4）将当前地址的存储单元中的数据用 LED 数码管显示。

4. 实验步骤

（1）按图 4.10 所示实验接线图连接线路。

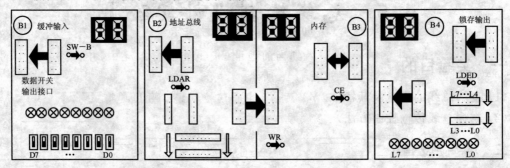

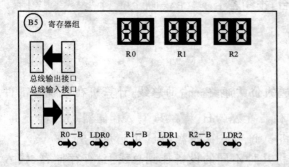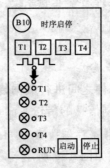

图 4.10 实验接线示意图

(2) 通用寄存器的写入　拨动二进制开关向 R0 寄存器置数 10H,具体操作步骤如图 4.11 所示。

(3) 拨动二进制开关将 00H 打入地址寄存器,如图 4.12 所示。

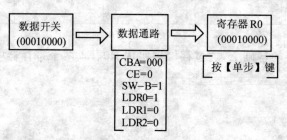

注:【单步】键的功能是启动时序电路产生 T1～T4 四拍单周期脉冲。

图 4.11　通用寄存器的写入操作步骤示意

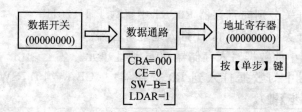

图 4.12　00H 打入地址寄存器操作示意

(4) 将 R0 寄存器中的数 10H 写入到当前地址(00H)的存储单元中,并将该单元中的数用 LED 数码管显示。其操作步骤如图 4.13 所示。

注意:当 A8=1,A9=1 时,选中 Y3;而 Y3 由系统控制线 LDED 使用。

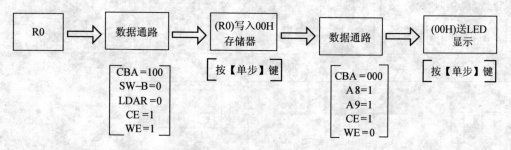

图 4.13　10H 写入 00H 的存储单元

用同样的方法,给 R1 置数 20H,地址寄存器置数 01H,将 20H 写入存储器 01H 单元并读出;给 R2 置数 30H,地址寄存器置数 02H,将 30H 写入存储器 02H 单元并读出。

4.6 总线控制设计实验 Ⅱ

一、实验要求

在总线控制实验Ⅰ的基础上,通过存储器实现 R0、R1 两个寄存器中数据的交换并显示交换后的结果。

二、实验接线

同总线控制设计实验Ⅰ。

三、实验步骤

(1) 通过二进制开关分别向寄存器 R0、R1 中置数 10H、20H。
(2) 通过二进制开关将地址码 00H 打入地址寄存器。
(3) 将 R0 寄存器中的数据写入存储器 00H 地址单元。
(4) 将 R1 寄存器中的数据打入到 R0 寄存器中(CBA = 101,SW - B = 0,LDR0 = 1,CE = 0,WE = 0,按【单步】键)。
(5) 将存储器 00H 单元中的数据打入 R1 寄存器中。
(6) 分别读出 R0、R1 寄存器中的数据送 LED 数码管显示(参考通用寄存器实验)。

第 5 章 中央处理器及模型机实验

控制器和运算器一起组成中央处理器(即 CPU),是整个计算机的核心。

5.1 CPU 的功能和组成

1. 中央处理器的功能

计算机必须有一个控制并执行指令的部件,该部件不仅要与计算机的其他功能部件进行信息交换,还要能控制其操作,这个部件就是中央处理器(CPU)。CPU 的基本功能是读取并执行指令。它具有四方面的基本功能:指令控制、操作控制、时间控制和数据加工。

2. CPU 中的主要寄存器

CPU 中的寄存器用于暂时保存运算和控制过程中的中间结果、最终结果以及控制、状态信息,在 CPU 中至少要有数据缓冲寄存器(DR)、指令寄存器(IR)、程序计数器(PC)、地址寄存器(AR)、累加寄存器(AC)和状态条件寄存器(PSW)六类寄存器。每个寄存器保存一个计算机字。

3. CPU 的组成

CPU 由运算器和控制器两大部分组成,图 5.1 给出了 CPU 的结构模型,其中 RA 表示寄存器组阵列。

控制器的主要功能有:

(1) 从内存中取出一条指令,并指出下一条指令在内存中的位置;

(2) 对指令进行译码或测试,并产生相应的操作控制信号,以便启动规定的动作;

(3) 指挥并控制 CPU、内存和输入/输出(I/O)设备之间数据流动的方向。

运算器有两个主要功能:

(1) 执行所有的算术运算;

(2) 执行所有的逻辑运算,并进行逻辑测试,如零值测试或两个值的比较等。

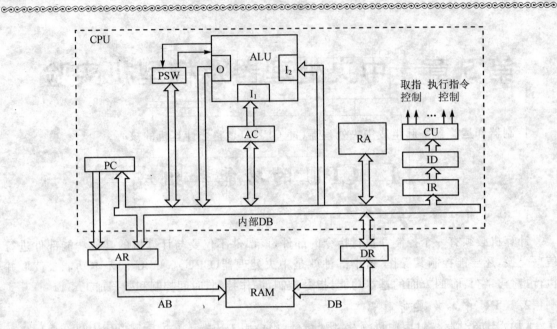

图 5.1　CPU 的结构模型

5.2　控制器的基本功能和结构

控制器是计算机的指挥和控制中心，由它把计算机的运算器、存储器、I/O 设备等联系成一个有机的系统，并根据各部件具体要求，适时地发出各种控制命令，控制计算机各部件自动、协调地进行工作。

1. 控制器的基本功能

控制器的主要功能就是按取指令、分析指令、执行指令这样的步骤进行周而复始的控制过程，直到完成程序所规定的任务并停机为止。控制器还必须具有检测和处理异常情况和特殊请求的功能。

2. 控制器的基本组成

控制器主要有指令部件、时序部件、微操作控制信号形成部件及中断控制逻辑组成，如图 5.2 所示。

（1）指令部件　指令部件的主要功能是完成取指令和分析指令。指令部件包括程序计数器 PC、指令寄存器 IR、指令译码器 ID 及地址形成部件。

（2）时序部件　时序部件用于产生机器所需的各种时序信号，以便控制有关部件在不同的时间内完成不同的微操作。时序部件包括脉冲源、启停电路和时序信号发生器。

（3）微操作控制信号形成部件　微操作控制信号形成部件根据指令部件提供的操作控制

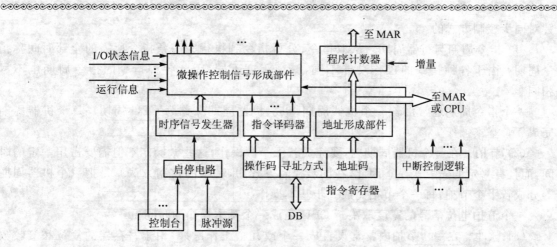

图 5.2 控制器组成电路图

电位、时序部件所提供的各种时序信号以及有关的状态条件,产生机器所需要的各种微操作控制信号。

(4) 中断控制逻辑(中断机构)　中断控制逻辑用于实现计算机运行过程中对异常情况和特殊请求的处理。

3. 控制器的硬件实现方法

根据产生微操作控制信号的方式不同,控制器可分为组合逻辑型、存储逻辑型、组合逻辑与存储逻辑结合型三种。它们的根本区别在于微操作信号发生器的实现方法不同,而控制器中的其他部分基本上是大同小异的。模型机(实验箱)控制器属存储逻辑型。

存储逻辑型控制器称为微程序控制器。

把微操作信号代码化,使每条机器指令转化成为一段微程序存入控制存储器中。执行指令时,读出控制寄存器中的微指令,由微指令产生微操作控制信号。

5.3 控制器的控制方式与时序系统

1. 控制方式

因为不同的机器指令对应的操作控制序列的长短不一样,序列中各操作的执行时间也不相同,所以,需要不同的时序控制方式来形成不同的操作控制步序列。

常用的控制方式有三种:同步控制方式、异步控制方式和联合控制方式。

模型机控制器采用同步控制方式。同步控制方式即固定时序控制方式,各项操作都由统一的时序信号控制,在每个机器周期中产生统一数目的节拍电位和工作脉冲。

2. 时序系统

时序系统是控制器的心脏,其功能是为指令的执行提供各种定时信号。时序系统主要是针对同步控制方式的。

(1) 指令周期与机器周期　从取指令、分析指令到执行完一条指令所需的全部时间称指令周期。由于各种指令的操作功能不同,繁简程度不同,因此各种指令的指令周期也不尽相同。

一个指令周期通常由若干个机器周期组成,机器周期又称为 CPU 周期。每个机器周期完成一个基本操作。

(2) 节拍　在一个机器周期内,要完成若干个微操作,这些微操作不但需要占用一定的时间,而且有一定的先后次序。因此,在同步控制方式中,基本的控制方法就是把一个机器周期等分成若干个节拍,每一个节拍完成一步基本操作。

一个节拍电位信号的宽度取决于 CPU 完成一个基本操作的时间。

(3) 脉冲　在一个节拍内常常设置成一个或几个工作脉冲,用于寄存器的复位和接收数据等。周期、节拍、脉冲构成了三级时序系统。

微型计算机中常用的时序系统与上述三级时序系统有所不同,这称之为时钟周期时序系统。根据指令的功能不同,把一个指令周期分成几个不同的机器周期,每个机器周期又包含几个时钟周期。实验模型机采用的就是时钟周期时序系统。

5.4　模型机微程序控制器

1. 微程序控制器的基本原理

微程序控制就是将机器指令的操作(从取指令到执行指令)分解成若干个更基本的微操作序列,并将有关的控制信息(微命令)以微码形式变成微指令,输入到控制存储器中。

每条机器指令与一段微程序相对应,根据整个指令系统的需要,编制出一套完整的微程序,预先存入控制存储器中。图 5.3 给出微程序控制器的原理框图。

微程序控制器主要由控制存储器、微指令寄存器和地址转移逻辑三大部分组成。

(1) 控制存储器(CM)　控制存储器用来存放实现全部指令系统的微程序,是一种只读存储器。图中有"·"表示 1,无"·"表示 0。对控制存储器的要求是速度快,读出周期要短。

(2) 微指令寄存器(μIR)　微指令寄存器用来存放由控制存储器读出的一条微指令信息。

(3) 微地址形成电路　用于产生起始微地址和后继微地址,以保证微程序的连续执行。

(4) 微地址寄存器(μMAR)　接收微地址形成电路送来的地址,为读取微指令准备好控制存储器的地址。

(5) 译码与驱动电路　对 μMAR 中的微地址进行译码,找到被访问的控制存储器单元并驱动其进行读取操作,读取微指令并存放于微指令寄存器中。

2. 微程序执行过程

将一条机器指令的执行分割成若干个微操作序列,则每个序列对应一段微程序。微程序

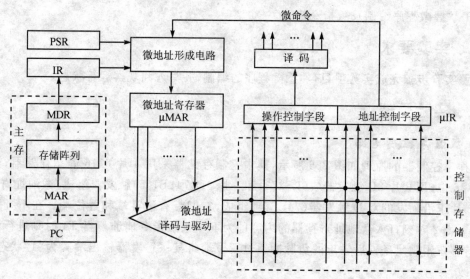

图 5.3 微程序控制器原理框图

执行过程如下：

(1) 从控制存储器中取出一条"取机器指令"的微指令，并送往微指令寄存器，这是一条公用的微指令，一般放在 0 号或 1 号微地址单元。微命令字段产生有关控制信号，并控制从主存中读取机器指令，送入指令寄存器，修改程序计数器(PC)的值。

(2) 指令译码器对指令译码；指令操作码通过微地址形成电路产生对应的微程序入口地址，并送入微地址寄存器。

(3) 从被选中的单元中取出相应的一条微指令送入微指令寄存器。

(4) 微指令寄存器中的微指令操作控制字段经过译码器或直接输出产生一组微命令，送往有关的执行部件，在时序的控制下完成其规定的微操作。

(5) 微指令寄存器中的顺序控制字段及有关状态通过地址形成逻辑，产生后续微地址，并打入到微地址寄存器中，继续读取下一条微指令。

(6) 执行完对应于一条机器指令的一段微程序后，返回到 0 号(或 1 号)微地址单元，读取"取机器指令"的微指令，以便取下一条机器指令。

5.5 微程序控制单元实验

一、实验目的

(1) 掌握时序产生器的组成方式。
(2) 熟悉微程序控制器的原理。

(3) 掌握微程序编制及微指令格式。

二、实验要求

按照实验步骤完成实验项目,熟悉微程序的编制,并写入和观察运行状态。

三、实验原理

1. 微程序控制电路

微程序控制器的原理如图 2.5 所示,其中控制存储器采用 4 片 6116 静态存储器;微命令寄存器 26 位,用 3 片 8D 触发器(74LS273)和一片 4D(74LS175)触发器组成;微地址寄存器 6 位,用 3 片正沿触发的双 D 触发器(74LS74)组成,它们带有清零端和置位端。在不判别测试的情况下,T2 时刻打入微地址寄存器的内容即为下一条微指令地址。当 T4 时刻进行测试判别时,转移逻辑满足条件后输出的负脉冲通过置位端将某一触发器输出端置为"1"状态,完成地址修改。

2. 微指令的编码方式

本实验微指令格式如表 5.1 所列,表中的数字 3~8 表示微指令寄存器的第 3~8 位。表 5.2 为 A 字段译码,表 5.3 为 B 字段译码。

表 5.1 微指令格式

M25	M24	M23	M22	M21	中断	M19	M18	M17	M16	M15	M14	M13	M12	M11	M10	M9	M8
C	B	A	AR	未用	PX3	A9	A8	CE	LOAD	CN	M	S0	S1	S2	S3	PX2	LDAR
M7	M6	M5	M4	M3	M2	8	7	6	5	4	3	M1	M0				
LDPC	LDIR	LDDR2	LDDR1	LDR0	WE	UA0	UA1	UA2	UA3	UA4	UA5	PX1	SW-B				

表 5.2 A 字段译码

C	B	A	选择
0	0	0	禁止
0	0	1	PC-B
0	1	0	ALU-B
0	1	1	299-B
1	0	0	R0-B
1	0	1	R1-B
1	1	0	R2-B
1	1	1	保留位

表 5.3 B 字段译码

中断	M9	M1	选择	测试字
PX3	PX2	PX1		
0	0	0	—	关闭测试
0	0	1	P(1)	识别操作码
0	1	0	P(2)	判寻址方式
0	1	1	P(Z)	Z 标志测试
1	0	0	P(I)	中断响应
1	0	1	P(D)	中断服务
1	1	0	P(C)	C 标志测试
1	1	1	—	保留位

表5.1中UA5~UA0为6位的后续微地址；表5.2和表5.3的A字段、B字段为译码字段，分别由6个控制位译码输出多位；B段中的PX3、PX2、PX1为3个测试字位，其功能是根据机器指令及相应微代码进行译码，使微程序转入相应的微地址入口，从而实现微程序的顺序、分支、循环运行。

3. 微程序流程与代码

图5.4为5条机器指令对应的微程序流程图。将全部微程序按微指令格式变成二进制代码，可得到模型机指令系统所对应的微程序。

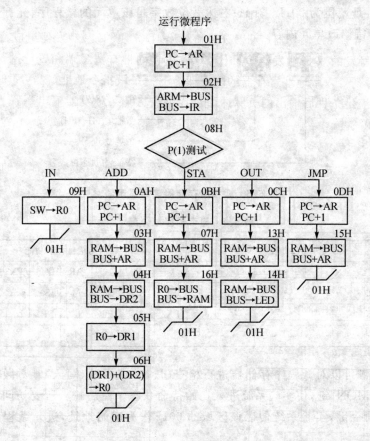

图5.4 微程序流程图

四、实验内容

1. 微程序的编写

为了解决微程序的编写，本装置设有微程序读写命令键，学生可根据微地址和微指令格式将微指令代码以快捷方式写入到微程序控制单元。具体的操作方法是按动实验装置的复位按钮使系统进入初始待命状态,再按动【增址】命令键使工作方式提示位显示"H"。

每条微指令分布在4片6116中,因此一条微指令的写入操作要分4次进行。4片6116分别称为4个区域,区域号为0号、1号、2号和3号,每个区域分别进行操作。其中微指令的最高8位放在区域号为0的6116芯片中。

图5.5是微程序存储器读写状态标志显示器。微程序存储器读写的状态标志是:显示器上显示8个数字,左边1、2位显示实验装置的当前状态,左边3、4位显示区域号(区域的分配见表5.4),左边5、6位数字是微存储器单元地址,硬件定义的微地址线是UA0~UA5,共6条,因此它的可寻址范围为00H~3FH;右边2位数字是该单元的微程序,光标在第7位与第8位之间,表示等待修改单元内容。

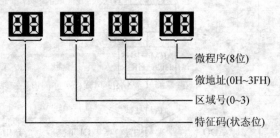

图5.5 微程序存储器读写显示器

表5.4 显示器区域分配

区域号	微程序区对应位空间			对应位控制功能							
0	31 · · · · · · · · 24			C	B	A	AR	保留	PX3	A9	A8
1	23 · · · · · · · · 16			CE	AD	CN	M	S0	S1	S2	S3
2	15 · · · · · · · · 8			PX2	AR	PC	IR	DR2	DR1	DR0	WE
3	7 · · · · · · · · 0			U0	U1	U2	U3	U4	U5	PX1	SW

用【读】命令键可以对微程序存储器进行检查(读出)或更改(写入)。对微程序存储器读写,一般应先按"MON"键,使实验系统进入初始待命状态。然后输入所要访问的微程序区域地址,再按【读】命令键,实验系统便以该区域的00H作为起始地址,进入微程序存储器读写状态。

表5.5举例说明了命令键可以对微程序存储器进行检查(读出)或更改(写入)的操作规程。

表5.5 用命令键对微程序存储器进行检查或更改

按 键	8位LED显示				说 明
【返回】	D	Y - H	P.		返回初始待命状态
【读】	D	Y - H	P.		初始待命状态,按【读】命令键无效

第 5 章 中央处理器及模型机实验

续表 5.5

按 键	8 位 LED 显示							说　明
0	D	Y	—	H			0	按数字键 0,从 0 区域的 0 地址开始
【读】	C	n	0	0	0	X	X	按【读】命令键,进入微程序读状态,左边第 3 位起显示 00(区域号)、00(微地址)、XX(该微程序单元的内容),光标闪动移至第 7 位
55	C	n	0	0	0	5	5	按 55 键,将内容写入 00 区域的 00H 单元
【增址】	C	n	0	0	1	X	X	按【增址】命令键,读出 00 区域 00H 的下一个单元 01H,光标重新移至第 7 位
AA	C	n	0	0	1	A	A	按 AA 键,将内容写入 00 区域的 01H 单元
【返回】	D	Y	—	H			P.	返回初始待命状态
1	D	Y	—	H			1	再按数字键 1,从 1 区域的 0 地址开始
【读】	C	n	0	1	0	X	X	按【读】命令键,进入微程序读状态,左边第 3 位起显示 01(区域号)、00(微地址)、XX(该微程序单元的内容),光标闪动移至第 7 位
55	C	n	0	1	0	5	5	按 55 键,将内容写入 01 区域的 00H 单元
【增址】	C	n	0	1	1	X	X	按【增址】命令键,读出 01 区域的下一个单元 01H,光标重新移至第 7 位
AA	C	n	0	1	1	A	A	按 AA 键,将内容写入 01 区域的 01H 单元
【返回】	D	Y	—	H			P.	按【返回】退出存储操作返回初始状态

按表中所说明的操作规程,通过键盘在微地址 00H 单元所对应的 4 个区域地址分别输入 55H,在微地址 01H 单元所对应的 4 个区域地址分别输入 0AAH。

2. 手动方式下的微地址打入操作

微程序控制器的组成如图 2.5 所示,其中微命令寄存器 26 位,用 3 片 8D 触发器 (74LS273)和一片 4D(74LS175)触发器组成。74LS273 和 74LS175 的清零端由 CLR 来控制微控制器的零状态,其触发端 CLK 接 T2,在时序节拍的 T2 时刻将微指令的内容打入微指令寄存器(含下一条微指令地址)。

(1) 微地址控制原理:图 5.6 所示微地址控制原理图。其中 UA5~UA0 为 6 位微地址显示灯和微地址锁存器 B7 为缓冲输入,B7 为指令寄存器。

(2) 微地址控制单元的实验连接:按图 5.7 所示连接实验电路,方法如下:

① 总线接口连接　用 8 芯扁平线连接图中所有标明"▉←▉"或"▉↑▉"图案的总线接口。

② 时钟信号"⊓⊔⊓"连接　用双头实验导线连接图中所有标明"↓"图案的插孔(注:Dais-CMH$^+$ 的时钟信号已作内部连接)。

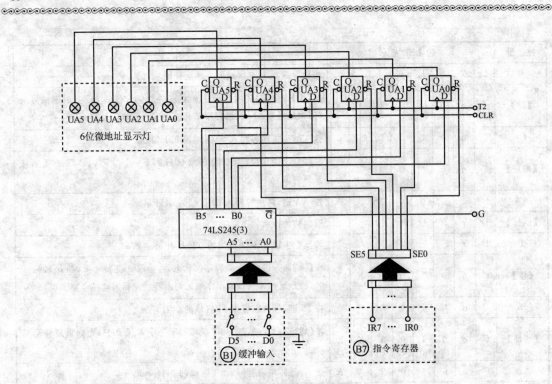

图 5.6 微地址控制原理图

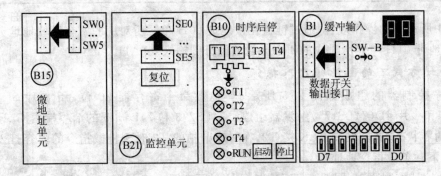

图 5.7 实验连线示意图

(3) 微地址的打入操作:在"L"状态下,首先置 SW-B=0,然后向数据开关置数,再按【单步】键,在机器周期的 T2 时刻把数据开关的内容打入微地址锁存器。实验步骤如图 5.8 所示。

(4) 微地址的修改与转移:按图 5.6 所示,微地址锁存器的置位端 R 受 SE5~SE0 控制,当测试信号 SE5~SE0 输出负脉冲时,通过锁存器置位端 R 将某一锁存器的输出端强行置"1",实现微地址的修改与转移。

第 5 章 中央处理器及模型机实验

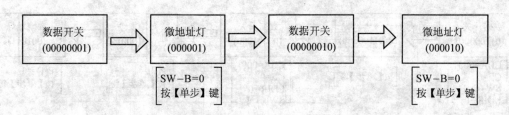

注:【单步】键的功能是启动时序电路产生 T1~T4 四个时钟脉冲。

图 5.8 微地址的打入操作步骤

微地址修改方法:按图 5.4 微程序流程图所示的微控制流程,"取指"微指令是所有微程序都使用的公用微指令,该微指令的判别测试字段为 P(1),用指令寄存器的前 3 位(IR7~IR5)作为测试条件,即用 IR7~IR5 强行设置微地址的低 3 位,使下一条微指令指向相应的微程序首地址。

由图 5.4 所示的微程序流程图,对指令寄存器 IR 分别打入的操作码分别为 20H、40H、60H、80H、A0H,然后打入流程图定义的基地址 08H,按【单步】键,在机器周期 T4 节拍脉冲内对 IR 指令寄存器的内容进行测试和判别,使后续微地址转向与操作码相对应的微程序入口。

操作码	操作码二进制形式	基地址	根据测试条件修改得到微地址	
20H	0010 0000	0000 1000	0000 1001	(09H)
40H	0100 0000	0000 1000	0000 1010	(0AH)
60H	0110 0000	0000 1000	0000 1011	(0BH)
80H	1000 0000	0000 1000	0000 1100	(0CH)
A0H	1010 0000	0000 1000	0000 1101	(0DH)

举例操作如下:

① 当 IR 寄存器为 20H、微地址为 08H 时,按【单步】键后微地址为 09H,操作步骤如图 5.9 所示。

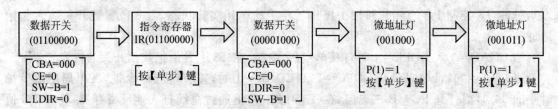

图 5.9 微地址为 09H 的操作图

② 当 IR 寄存器为 60H、微地址为 08H 时,按【单步】键后微地址为 0BH,操作步骤如图 5.10 所示。

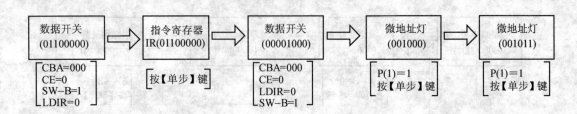

图 5.10 微地址为 08H 的操作图

5.6 指令部件模块实验

一、实验目的

(1) 掌握时序产生器的组成方式。
(2) 熟悉由指令操作码形成对应微程序入口的原理。

二、实验要求

按照实验步骤完成实验项目,完成将数据打入 IR 寄存器,地址打入 PC 程序计数器,PC 自动加 1。

三、指令部件模块的构成

1. 程序计数器单元

如图 5.11 所示,2 片 74LS163 作为 8 位 PC 程序计数器,其 8 位输入/输出公用端用 8 芯扁平线与 BUS 总线接口相连接。

程序计数器 PC 有 LDPC、LOAD 信号,其中 LDPC 为 74LS163 的时钟脉冲,LOAD 为 74LS163 的工作状态选择信号(LOAD=1 时,为并行加载状态;LOAD=0 时,为加 1 计数状态),脉冲 T3 控制 PC 的装载和加 1 操作。在手动单元实验状态,由 8 位置数开关装入起始地址。

当 LOAD=1 和 LDPC=1 时,按【单步】命令键,在 T3 上升沿把数据开关的内容装入 PC。
当 CBA=001,LOAD=0,LDPC=1 和 LDAR=1 时,按【单步】命令键,在单周期四节拍时序的 T2 时刻打开 PC-B 三态门,在 T3 时刻 PC 值通过总线打入地址寄存器,同时 PC 值加 1。

2. 指令寄存器单元

如图 5.12 所示,1 片 74LS273 作为指令寄存器,其 8 位输入端与 BUS 总线之间在实验装置中已作连接,其输出端用一 8 芯扁平线与 SE5~SE0 接口连接。

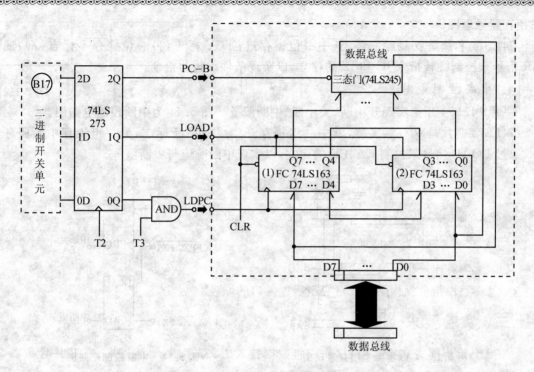

图 5.11 程序计数器单元

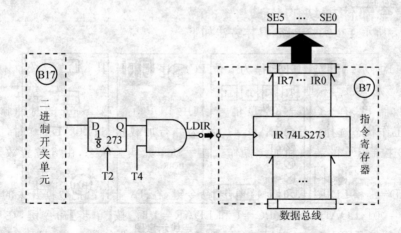

图 5.12 指令寄存器单元

指令寄存器 IR(74LS273)在 LDIR 的上升沿时,把来自数据总线的数据打入寄存器 IR。

3. CY、零标志锁存原理

一片 74LS74 用来实现多种条件的跳转指令(JZ、JC 等跳转指令)。图 5.13 为 CY 与零标志锁存器原理图。

74LS74 芯片是双 D 触发器,其中一位锁存进位 CY 标志,另一位锁存零标志(Z),通过 AR 信号来控制跳转指令 JC 和 JZ 的建立,以实现条件跳转的指令。

4. 中断控制电路

一片 74LS74 用来实现开中断、关中断、中断服务。图 5.14 为中断控制电路图。

74LS74 芯片是双 D 触发器,其中一组锁存开(允许)中断标志,另一组锁存中断服务标志,通过 LOAD 信号来控制 EA、ED 的建立,以实现中断响应与中断服务。

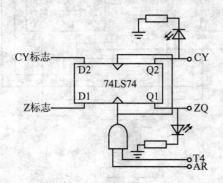

图 5.13　CY、零标志锁存原理图

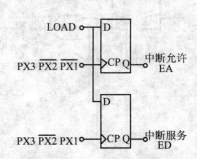

图 5.14　中断控制电路图

四、实验连接

按图 5.15 所示连接实验电路,具体方法如下:

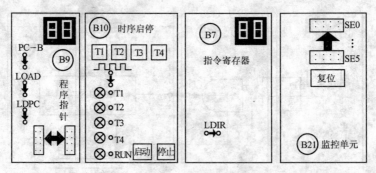

图 5.15　实验连线示意图

(1) 总线接口连接　用 8 芯扁平线连接图中所有标明"▦↔▦"或"▦⬆▦"图案的总线接口。

(2) 控制线与时钟信号"⊓⊔"连接　用双头实验导线连接图中所有标明"○➡○"或"⬇"图

案的插孔(注:Dais-CMH⁺ 的时钟信号已作内部连接)。

五、实验内容

在闪动的"P."状态下按动【增址】命令键,使 LED 显示器自左向右的第 4 位显示提示符"L",表示本装置已进入手动单元实验状态。

1. 程序计数器(PC)的置数、输出与加 1

(1) PC 值的写入　拨动二进制数据开关向程序计数单元置数(置数灯亮表示它所对应的数据位为"1";反之为零)。具体操作步骤如图 5.16 所示。

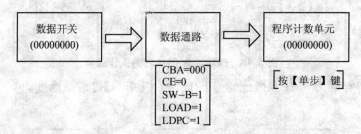

注:【单步】键的功能是启动时序电路产生 T1~T4 四个时钟脉冲。

图 5.16　PC 值写入的操作步骤

(2) PC 值的读出　关闭数据输入三态(SW-B=0),CE 保持为 0,LOAD=0,LDPC=0 和 CBA=001 时,按【单步】键,打开 PC-B 缓冲输出门,数据总线单元应显示 00000000。

(3) PC 值送地址寄存器并加 1　置 LOAD=0,LDPC=1,CE=0,SW-B=0,CBA=001 (译码产生信号 PC-B=0,使 PC 值处于读出状态)和 LDAR=1 时,按【单步】命令键,在 T3 节拍把当前数据总线的内容(即 PC)打入地址锁存器,地址总线单元的显示器应显示 00H,在 T3 节拍的上升沿使 PC 计数器加 1,PC 单元的显示器应显示 01H。其操作步骤如图 5.17 所示。

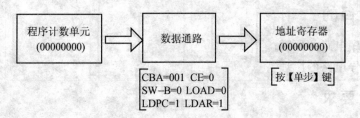

图 5.17　PC 值送地址寄存器并加 1 的操作步骤

2. 指令码的打入与转移

根据 5.5 微程序控制单元实验中图 5.5(微程序流程图)的微控制流程,对指令寄存器 IR 分别打入微控制流程定义的操作码分别为 20H、40H、60H、80H、A0H,然后根据流程图定义的基地址 08H 置入数据开关,按【单步】键,在机器周期的 T2 节拍把基地址 08H 打入微地址锁存器,在机器周期 T4 节拍按微控制流程对 IR 指令寄存器的内容进行测试和判别,使后续微地址转向与操作码相对应的微程序入口。举例操作如图 5.19 所示。

(1) 当 IR 寄存器为 20H 和微地址为 08H 时,按【单步】键后微地址为 09H。其操作流程如图 5.18 所示。

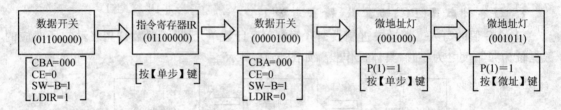

图 5.18 微地址为 09H 时的操作流程

(2) 当 IR 寄存器为 60H 和微地址为 08H 时,按【单步】键后微地址为 0BH。其操作流程如图 5.19 所示。

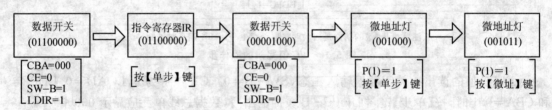

图 5.19 微地址为 0B 时的操作流程

5.7 时序与启停实验

一、实验目的

(1) 掌握时序电路的原理。
(2) 熟悉启停电路的原理。

二、实验要求

通过时序电路的启动来了解单步、连续方式运行时序电路的过程,观察 T1、T2、T3、T4 各点的时序波形。

三、实验原理及内容

1. 时序与启停

实验所用的时序与启停电路原理如图 5.20 所示,其中时序电路由 $\frac{1}{2}$ 片 74LS74、1 片 74LS175 及 6 个二输入与门 AND(1)～AND(6)、2 个二输入与非门 NAND(1)～NANA(2) 和 3 个反向器 NT(1)～NOT(3) 构成。该电路可产生 4 个等间隔的时序信号 T1～T4,其中 "时钟"信号由"B14 脉冲源"提供。为了便于控制程序的运行,时序电路发生器也设置了一个启停控制触发器 CR,使 T1～T4 信号输出可控。图 5.20 中启停电路由 $\frac{1}{2}$ 片 74LS74、74LS00 及 1 个二输入与门构成。

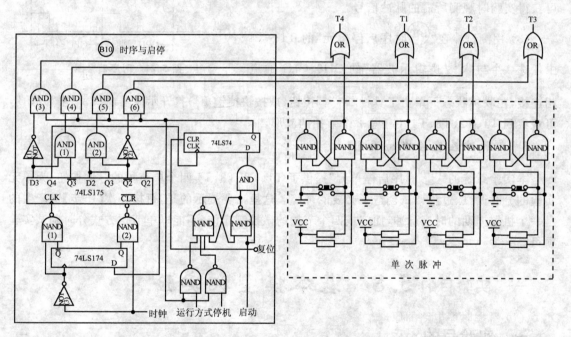

图 5.20　时序、启停、单次脉冲原理图

"运行方式"和"停机"控制位分别由管理 CPU(89C52)的两个 P I/O 口控制。

当按动【连续】命令键时,管理 CPU 令"运行方式"位为"0",运行触发器一直处于"1"状态,因此时序信号 T1～T4 将周而复始地发送出去。当按动【单步】命令键时管理 CPU 令"运行方式"位为"1",机器便处于单步运行状态,仅发送单周期四拍制时序信号。单步方式运行,每次只执行一条微指令,可以观察微控制状态与当前微指令的执行结果。另外,当模型机以连续方式运行时,如果按动【宏单】命令键,管理 CPU 令停机控制位为"1",便使机器停止运行。

2. 观察时序波形

图 5.21 所示为时钟与 T1～T4 的时方信号图。

利用本实验系统的逻辑示波器并用微机实现可观察 T1、T2、T3、T4 的时序图。具体方法是：

(1) 在联机状态下选择菜单栏中"设置/参数设置"命令，在打开的设置窗口中单击"手动方式（单元实验）"，再单击"确认"按钮退出设置操作。

(2) 在本实验装置工作方式提示位显示"L"（LED 显示器自左向右的第 4 位）的状态下，单击工具栏" ▶ "按钮，启动时序电路以连续方式运行，即可获得实验时观测所需的脉冲信号。

(3) 用测试棒在"B10 时序启停单元"的 T1～T4 中任选 2 个与"B15 逻辑示波器"的 CH0、CH1 通道

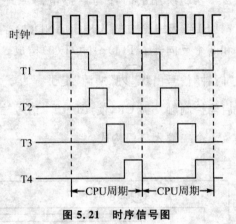

图 5.21 时序信号图

相连接，在联机状态下单击工具栏" 〰 "按钮（或按快捷键 F4）打开示波器窗口，单击"开始"，可观察到 T1、T2、T3、T4 中任意 2 个节拍的波形。

3. 单脉冲在实验中的运用

本实验系统的"B10 时序启停单元"提供了 T1、T2、T3、T4 四个单节拍的脉冲按钮，为单元实验的分时调试、过程调试创造了必要的环境。这里需要提示的是，每按一次【单步】键产生的是一个机器周期的时序脉冲，而完成四个节拍的微控制操作，不能以单节拍方式分时调试实验项目。

5.8 基本模型机实验

一、实验目的

(1) 在掌握部件单元电路实验的基础上，进行系统集成，以此构成一台基本模型计算机。
(2) 为其定义 5 条机器指令，编写相应的微程序，并上机调试以掌握整机概念。

二、实验设备

Dais—CMH+/CMH 计算器组成原理教学实验系统一台，实验用扁平线、导线若干。

三、实验原理

部件实验过程中,各部件单元的控制信号是以人工产生为主,而本次实验则是在微程序控制下自动产生各部件单元的控制信号,以实现特定指令的功能。这里,计算机数据通路的控制由微程序控制器来完成,CPU 从内存中取出一条机器指令到指令执行结束的一个指令周期全部由微程序来完成,一条机器指令对应一个微程序。

本实验采用以下 5 条机器指令:IN(输入)、ADD(二进制加法)、STA(存数)、OUT(输出)和 JMP(无条件转移),其指令格式(前三位为操作码)如表 5.6 所列。

表 5.6 各指令的助记符与指令码

助记符	机器指令码	说明
IN R0,SW	0010 0000	数据开关状态→R0
ADD R0,[addr]	0100 0000 XXXXXXXX	R0+[addr]→R0
STA [addr],R0	0110 0000 XXXXXXXX	R0→[addr]
OUT [addr],LED	1000 0000 XXXXXXXX	[addr]→LED
JMP addr	1010 0000 XXXXXXXX	addr→PC

表中 IN 为单字节(8 位)指令,其余为双字节指令,XXXXXXXX 为 addr 对应的二进制地址码。

根据以上要求设计的数据原理框图,如图 5.22 所示。系统涉及到的微程序流程如图 5.23 所示。当拟定"取指"微指令时,该微指令的判别测试字段为 P(1)测试。由于"取指"微指令是所有微程序都使用的公用微指令,因此 P(1)的测试结果出现多路分支。本机用指令寄存器的前 3 位(IR7~IR5)作为测试条件,出现 8 路分支,占用 8 个固定微地址单元。

当全部微程序设计完毕后,应将每条微指令代码化,表 5.7 即为将图 5.23 基本模型机微程序流程图按微指令格式转化而成的"二进制微代码表",表 5.2 为 A 字段译码表。

当执行一条指令时,先把指令从内存取到数据总线上,然后再传送至指令寄存器。指令分为操作码字段和地址码字段。为了执行任何给定的指令,必须对操作码进行 P(1)测试,通过节拍脉冲 T4 的控制以便识别所要求的操作。"B7指令寄存器"根据指令中的操作码强置微控制器单元的微地址,使下一条微指令指向相应的微程序首地址。

本系统有两种外部 I/O 设备。一种是二进制代码开关,它作为输入设备(input device);另一种是 LED 块,它作为输出设备(output device)。例如:输入时,二进制开关数据直接经过三态门送到外部数据总线上,只要开关状态不变,输入的信息也不变。输出时,将输出数据送到外部数据总线上,当 LDED 有效时,将数据打入输出锁存器,驱动 LED 显示。由于 I/O 设备单一,I/O 地址采用隐含方式给出。

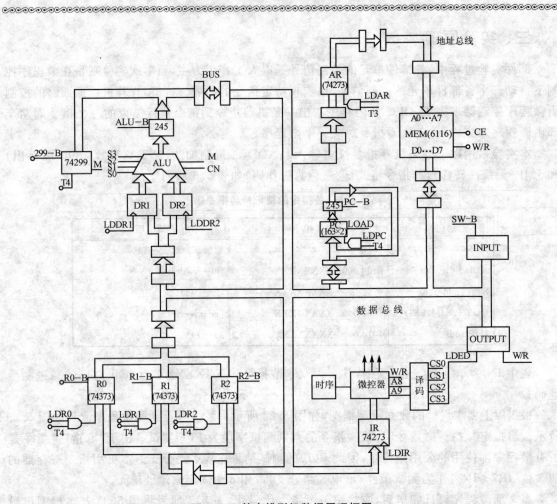

图 5.22 基本模型机数据原理框图

按照系统拟定的微指令格式如表 5.7 所列,参照微程序流程图(见图 5.23),将每条微指令代码化,制成二进制代码表,并将二进制代码表转换成十六进制格式文件。

表 5.7 微指令格式

M25	M24	M23	M22	M21	中断	M19	M18	M17	M16	M15	M14	M13	M12	M11	M10	M9	M8
C	B	A	AR	未用	P(3)	A9	A8	CE	LOAD	CN	M	S0	S1	S2	S3	未用	LDAR
M7	M6	M5	M4	M3	M2	8	7	6	5	4	3	M1	M0				
LDPC	LDIR	LDDR2	LDDR1	LDR0	WE	UA0	UA1	UA2	UA3	UA4	UA5	P(1)	SW-B				

本实验设计的机器指令程序如下:

第5章 中央处理器及模型机实验

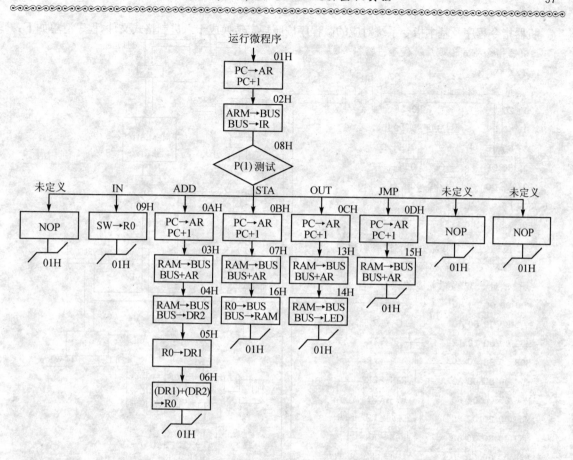

图 5.23 基本模型机微程序流程图

地址(二进制)	内容(二进制)	助记符	说 明
0000	0010 0000	IN R0,SW	数据开关内容→R0
0001	0100 0000	ADD R0,[09H]	R0 + [09H]→R0
0010	0000 1001		
0011	0110 0000	STA [0BH],R0	R0→[0BH]
0100	0000 1011		
0101	1000 0000	OUT [0BH],LED	[0BH]→LED
0110	0000 1011		
0111	1010 0000	JMP 00H	00H→PC
1000	0000 0000		
1001	0101 0101		;用户自定义数据
1010	1010 1010		;用户自定义数据
1011			;求和结果存放单元

机器指令程序及基本指令系统对应的微程序按照规定转换成十六进制格式文件,程序清单如下:

```
;机器指令格式说明("P"代表机器指令):
; PXX XX
;地址   机器代码
P00 20              ;IN  R0,SW
P01 40 09           ;ADD R0,[09H]
P03 60 0B           ;STA [0BH],R0
P05 80 0B           ;OUT [0BH],LED
P07 A0 00           ;JMP 00H
P09 55
P0A AA

;32位微控制代码说明("M"代表微指令):
;   MXX    XX XX XX XX
;微地址   32位微指令代码
M00 00 00 00 80     ;空操作
M01 20 00 60 40     ;PC→AR,PC+1
M02 00 80 10 12     ;RAM→IR
M03 00 80 40 20     ;RAM→AR
M04 00 80 08 A0     ;RAM→DR2
M05 80 00 04 60     ;R0→DR1
M06 40 29 02 80     ;DR1+DR2→R0
M07 00 80 40 68     ;RAM→AR
M08 00 00 00 80     ;用户自定义单元
M09 00 00 02 81     ;SW→R0
M0A 20 00 60 C0     ;PC→AR,PC+1
M0B 20 00 60 E0     ;PC→AR,PC+1
M0C 20 00 60 C8     ;PC→AR,PC+1
M0D 20 00 60 A8     ;PC→AR,PC+1
M0E 20 00 60 E8     ;PC→AR,PC+1
M0F 20 00 60 98     ;PC→AR,PC+1
M10 00 40 20 89     ;SW→PC
M11 20 00 60 48     ;PC→AR,PC+1
M12 00 80 01 89     ;SW→RAM
M13 00 80 40 28     ;RAM→AR
M14 03 80 00 80     ;RAM→LED
M15 00 C0 20 80     ;RAM→PC
M16 80 80 01 80     ;R0→RAM
```

注意:在表5.7微指令格式中,微地址字段的地址码顺序是颠倒的,其中UA5为微地址的最高位,UA0为微地址的最低位。

例如:M00 00 00 00 80　　;空操作

微指令代码的最后一个字节是80H,根据表5.7,UA0UA1…UA5M1M0=10000000 B=80H,但下一条微指令地址为 UA5UA4…UA0=000001 B=01H,即控制存储器 M00 单元微指令的下地址为 01。

四、实验方法

1. 实验连线

按图5.24所示,将所有以黑色箭头提示的插孔或接口用双头实验导线或扁平线连接。

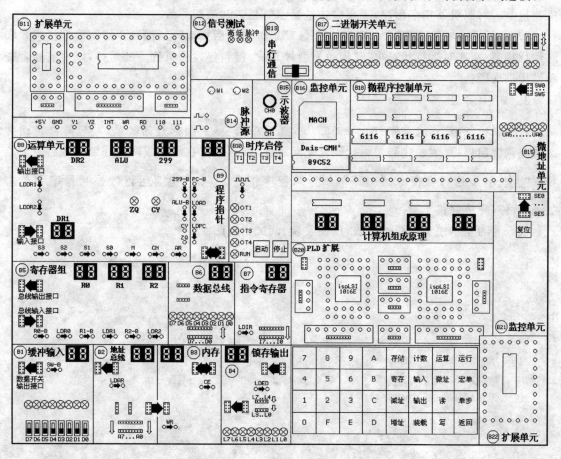

图5.24　实验连线示意图

2. 单机实验

(1) 机器程序和与其对应的微控制程序的写入　用【装载】命令键装入微控制程序,其操作方法是在闪动的"P."状态下,键入数字键 1(基本模型机代号),然后再键入【装载】命令键,实验装置自动装载由数字键定义的模型机机器程序及与其对应的微控制程序,装载完毕则自动返"P."状态待令。

(2) 运行程序　运行程序有单步微指令、单步机器指令和程序运行与暂停程序。

① 单步微指令:键入数字键 00H(PC 地址从 00H 开始),然后每按动一次【单步】命令键,运行一条微指令。对照微程序流程图,观察微地址显示灯是否和流程一致。当运行结束后,可检查存数单元(0BH)中的结果是否和理论值一致。

② 单步机器指令:键入数字键 00H(PC 地址),然后每按动一次【宏单】命令键,运行一条机器指令。对照机器指令程序,观察微地址显示灯是否和流程一致。

③ 程序运行与暂停:键入数字键 00H(PC 地址),然后按动【运行】命令键使模型机进入实时运行状态;在实时运行状态可按【宏单】(暂停)命令键暂停模型机程序的运行,以便实验者查看模型机现场。

3. 联机实验

若在联机状态下,应首先打开 mxj1.abs,然后单击 " ![] " 图标开始装载,一旦屏幕自动弹出动态调试窗口,则表示代码及微代码已下载成功,便可进入在线集成调试环境。然后单击工具栏 " ![] " 单步运行微指令、" ![] " 单步运算程序指令、" ![] " 连续运行微控制程序和单击" ![] "暂停,完成联机实验。

表 5.8 为基本模型机微指令表,以便实验、调试中查阅。

表5.8 基本模型机微指令表

微地址	0区域代码	1区域代码	2区域代码	3区域代码	说明
—	—	—	—	—	—
00	00	00	00	80	空操作
01	20	00	00	40	PC→AR,PC+1
02	00	10	00	12	RAM→IR
03	00	40	80	20	RAM→AR
04	00	08	00	A0	RAM→DR2
05	80	04	00	60	R0→DR1
06	40	02	29	80	DR1+DR2→R0
07	00	40	80	68	RAM→AR
08	00	00	00	80	用户自定义单元
09	20	02	02	81	SW→R0
0A	00	60	00	C0	PC→AR,PC+1
0B	20	60	00	E0	PC→AR,PC+1
0C	00	60	00	C8	PC→AR,PC+1
0D	20	60	00	A8	PC→AR,PC+1
0E	00	60	00	E8	PC→AR,PC+1
0F	20	60	00	98	PC→AR,PC+1

区域位号说明：
- 0区域（M25~M18）：C、B、A、AR、保留位、PX、A9、A8
- 1区域（M17~M10）：CE、LOAD、CN、M、S0、S1、S2、S3
- 2区域（M9~M2）：PX、LDAR、LDPC、LDIR、LDDR1、LDDR2、LDR0、WE
- 3区域（UA5~UA0、P、X/M1、M0、S、W、B）

续表 5.8

微地址	区域0 代码	区域1 代码	区域2 代码	区域3 代码	说明
—	—	—	—	—	—
10	00	40	20	89	SW→PC
11	20	00	00	48	PC→AR,PC+1
12	00	80	00	89	SW→RAM
13	03	C0	40	28	RAM→AR
14	00	C0	00	80	RAM→LED
15	80	00	20	80	RAM→PC
16	00	C0	01	80	R0→RAM
17	00	00	00	80	用户自定义单元
18	00	00	00	80	用户自定义单元
19	00	00	00	80	用户自定义单元
1A	00	00	00	80	用户自定义单元
1B	00	00	00	80	用户自定义单元
1C	00	00	00	80	用户自定义单元
1D	00	00	00	80	用户自定义单元
1E	00	00	00	80	用户自定义单元
1F	00	00	00	80	用户自定义单元

区域0 位号: M25(CB) M24(A) M23(AR) M22(保留位) M21 M20(PX) M19(A9) M18(A8)

区域1 位号: M17(CE) M16(LOAD) M15(M) M14(CN) M13(S0) M12(S1) M11(S2) M10(S3)

区域2 位号: M9(PX2) M8(LDAR) M7(LDPC) M6(LDIR) M5(LDDR1) M4(LDDR2) M3(WR) M2(R0)

区域3 位号: UA0 UA1 UA2 UA3 UA4 UA5(PX1) SWB M1M0

第 6 章 综合性与设计性实验

6.1 带移位运算的模型机的设计与实现

一、实验目的

(1) 熟悉用微程序控制器控制模型机的数据通路。
(2) 学习设计与调试计算机的基本步骤及方法。

二、实验设备

Dais-CMH$^+$计算器组成原理教学实验系统一台,实验用扁平线和导线若干。

三、实验原理

本实验在基本模型机实验的基础上搭接移位控制电路,实现移位功能。

实验中新增 4 条移位运算指令,如 RL(左环移)、RLC(带进位左环移)、RR(右环移)和 RRC(带进位右环移)。其指令格式如表 6.1 所列。

表 6.1 移位运算指令的助词符与指令码

助记符		机器指令码	说　　明
RR	R0	1010 0000	R0 寄存器内容循环右移
RRC	R0	1100 0000	R0 寄存器内容带进位循环右移
RL	R0	1110 0000	R0 寄存器内容循环左移
RLC	R0	0001 0000	R0 寄存器内容带进位循环左移

以上 4 条指令都为单字长指令(8 位),移位操作是通过 74LS299 及相关逻辑电路实现的。

RR 为将 R0 寄存器中的内容循环右移一位。

RRC 为将 R0 寄存器中的内容带进位右移一位,它将 R0 寄存器中的数据右边第一位移入进位,同时将进位位移至 R0 寄存器的最左位。

RL 为将 R0 寄存器中的数据循环左移一位。

RLC 为将 R0 寄存器中的数据带进位循环左移一位。

实验数据原理框图如图 6.1 所示,编写微程序流程图及确定微地址如图 6.2 所示。

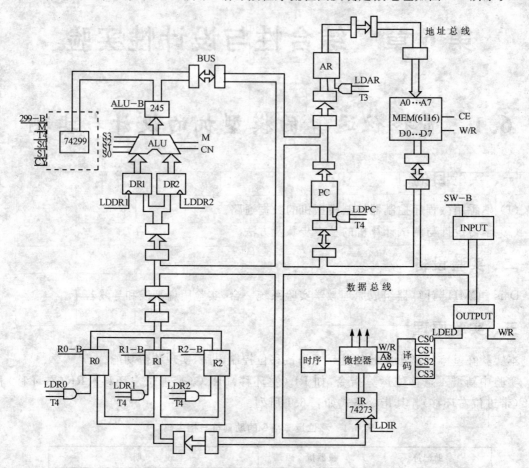

图 6.1 带移位运算模型机数据原理框图

该指令系统包含 9 条机器指令,操作码占 4 位,用机器指令的高 4 位(操作码)强行修改微地址的低 4 位的方法实现多路转移。由图 6.2 可见,取指微指令的后继微地址为 20H,经 P(1)测试由操作码形成相应的微程序入口地址分别为 20H、21H、22H、24H、26H、28H、2AH、2CH 和 2EH。

按照系统建议的微指令格式,参照微指令流程图及表 6.2 微指令格式 1,将每条微指令代码化,译成二进制代码表,并将二进制代码表转换成十六进制格式文件。表 5.2 为 A 字段译码。

第 6 章 综合性与设计性实验

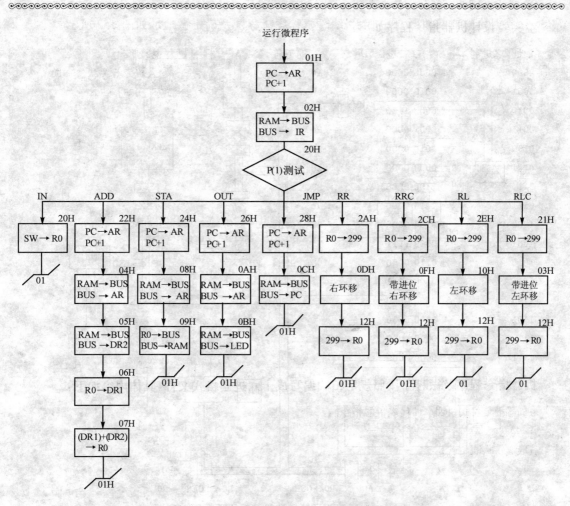

图 6.2 带移位运算模型机微程序流程和微地址图

表 6.2 微指令格式 1

M25	M24	M23	M22	M21	M20	M19	M18	M17	M16	M15	M14	M13	M12	M11	M10	M9	M8
C	B	A	AR	未用	未用	A9	A8	CE	LOAD	CN	M	S0	S1	S2	S3	未用	LDAR
M7	M6	M5	M4	M3	M2	7	6	5	4	3	M1	M0					
LDPC	LDIR	LDDR2	LDDR1	LDR0	WE	UA0	UA1	UA2	UA3	UA4	UA5	P(1)	SW-B				

本实验设计机器指令程序如下：

地址(二进制)	内容(二进制)	助记符	说明
0000	0000 0000	IN　R0	;输入单元开关状态→R0
0001	0010 0000	ADD　R0,[0EH]	;R0+[0EH]→R0
0010	0000 1110		
0011	0001 0000	RLC　R0	
0100	1010 0000	RR　R0	
0101	0000 0000	IN　R0	
0110	1100 0000	RRC　R0	
0111	1110 0000	RL　R0	
1000	0100 0000	STA [0FH],R0	;R0→[0FH]
1001	0000 1111		
1010	0110 0000	OUT [0FH],LED	;[0FH]→LED
1011	0000 1111		
1100	1000 0000	JMP　00H	;00H→PC
1101	0000 0000		
1110	0100 0000		;数据单元
1111	0000 0000		;存数单元

机器指令程序及微程序按照规定格式编写成十六进制格式文件，具体内容如下：

```
;机器指令格式说明("P"代表机器指令):
; PXX    XX
;地址    机器代码
P00     00            ; IN   R0,SW        ;数据开关→R0
P01     20   0E       ; ADD  R0,[0EH]     ;R0+[0EH]→R0
P03     10            ; RLC  R0           ;R0带进位左移
P04     A0            ; RR   R0           ;R0右移
P05     00            ; IN   R0,SW        ;数据开关→R0
P06     C0            ; RRC  R0           ;R0带进位右移
P07     E0            ; RL   R0           ;R0左移
P08     40   0F       ; STA  [0FH],R0     ;R0→[0FH]
P0A     60   0F       ; OUT  [0FH],LED    ;[0FH]→输出单元
P0C     80   00       ; JMP  00           ;无条件转移
P0E     40
P0F     00
;32位微控制代码说明("M"代表微指令):
```

```
; MXX    XX XX XX XX
; 微地址    32 位微指令代码
M00 00 00 00 80        ;空操作
M01 20 00 60 40        ;PC→AR,PC＋1
M02 00 80 10 06        ;RAM→IR
M03 60 18 00 48        ;299 带进位左移
M04 00 80 40 A0        ;RAM→AR
M05 00 80 08 60        ;RAM→DR2
M06 80 00 04 E0        ;Rd→DR1
M07 50 29 02 80        ;DR1＋DR2→Rd
M08 00 80 40 90        ;RAM→AR
M09 80 80 01 80        ;Rd→RAM
M0A 00 80 40 D0        ;RAM→AR
M0B 03 80 00 80        ;RAM→LED
M0C 00 C0 20 80        ;RAM→PC
M0D 60 04 00 48        ;299 右移
M0E 00 00 00 80        ;用户自定义单元
M0F 60 14 00 48        ;299 带进位右移
M10 60 08 00 48        ;299 左移
M11 00 00 00 80        ;用户自定义单元
M12 60 00 02 80        ;299→R0
M13 00 00 00 80        ;用户自定义单元
M14 00 00 00 80        ;用户自定义单元
M15 00 00 00 80        ;用户自定义单元
M16 00 00 00 80        ;用户自定义单元
M17 00 00 00 80        ;用户自定义单元
M18 00 00 00 80        ;用户自定义单元
M19 00 00 00 80        ;用户自定义单元
M1A 00 00 00 80        ;用户自定义单元
M1B 00 00 00 80        ;用户自定义单元
M1C 00 00 00 80        ;用户自定义单元
M1D 00 00 00 80        ;用户自定义单元
M1E 00 00 00 80        ;用户自定义单元
M1F 00 00 00 80        ;用户自定义单元
M20 00 00 02 81        ;SW→R0
M21 80 0C 00 C0        ;R0→299
M22 20 00 60 20        ;PC→AR,PC＋1
```

```
M23  00 00 00 80        ;用户自定义单元
M24  20 00 60 10        ;PC→AR,PC+1
M25  00 00 00 80        ;用户自定义单元
M26  20 00 60 50        ;PC→AR,PC+1
M27  00 00 00 80        ;用户自定义单元
M28  20 00 40 30        ;PC→AR
M29  00 00 00 80        ;用户自定义单元
M2A  80 0C 00 B0        ;R0→299
M2B  00 00 00 80        ;用户自定义单元
M2C  80 0C 00 F0        ;R0→299
M2D  00 00 00 80        ;用户自定义单元
M2E  80 0C 00 08        ;R0→299
M2F  00 00 00 80        ;用户自定义单元
```

四、实验内容及步骤

1. 实验连线

按图 6.3 所示,将所有以黑色箭头提示的插孔或接口用双头实验导线或扁平线连接。

2. 单机实验

(1) 机器程序和与其对应的微控制程序的写入。

用【装载】命令键装入微控制程序,其操作方法是在闪动的"P."状态下,键入数字键 2(带移位运算模型机代号),然后再键入【装载】命令键,实验装置自动装载由数字键定义的模型机机器程序及与其对应的微控制程序,装载完毕自动返"P."状态待令。

(2) 运行程序:采用单步微指令、单步机器指令等进行程序的运行。

① 单步微指令 键入数字键 00H(PC 地址从 00H 开始),然后每按动一次【单步】命令键,运行一条微指令。对照微程序流程图,观察微地址显示灯是否和流程一致。当运行结束后,可检查存数单元(0FH)中的结果是否和理论值一致。

② 单步机器指令 键入数字键 00H(PC 地址),然后每按动一次【宏单】命令键,运行一条机器指令。对照机器指令程序,观察微地址显示灯是否和流程一致。

③ 程序运行与暂停 键入数字键 00H(PC 地址),然后按动【运行】命令键使模型机进入实时运行状态;在实时运行状态可按【宏单】(暂停)命令键暂停模型机程序的运行,以便实验者查看模型机现场。

参照机器指令及微程序流程图,将实验现象与理论分析比较,检查存数单元(0FH)中运行结果是否正确。

第 6 章 综合性与设计性实验

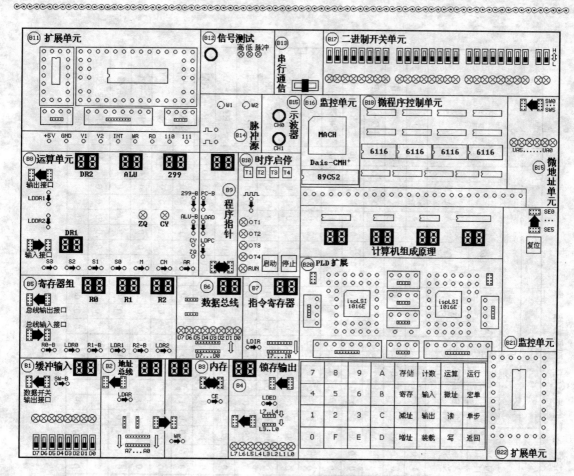

图 6.3 实验连线示意图

3. 联机实验

若在联机状态下,应首先打开 mxj2.abs,然后单击"![]"图标开始装载,一旦屏幕自动弹出动态调试窗口,则表示代码及微代码已下载成功,便可进入在线集成调试环境。然后单击工具栏"[]"单步运行微指令、"[]"单步运算程序指令、"[]"连续运行微控制程序和单击"[]"暂停,完成联机实验。

表 6.3 为带移位运算的模型机微指令表,以便实验调试中查阅。

表 6.3 带移位运算的模型机微指令表

区位号	0区域				1区域				2区域				3区域				说明
位号	M25 M24	M23	M22 M21	M20 M19 M18	M17	M16	M15 M14	M13 M12 M11 M10	M9	M8	M7 M6 M5	M4 M3 M2	M1 M0	SW-B	P1	UA5 UA4 UA3 UA2 UA1 UA0	
	C	B	AR	保留位 PX3 A9 A8	LOAD	CN	M S0	S1 S2 S3	PX2	LDAR	LDIR LDPC LDDR2	LDDR1 WR RE	M1 M0	SW-B	P1	UA5 UA4 UA3 UA2 UA1 UA0	
微地址	代码				代码				代码				代码				
00	00				00				00				80				空操作
01	20				00				60				40				PC→AR,PC+1
02	00				80				00				06				RAM→IR
03	60				18				10				48				299带进位左移
04	00				80				00				A0				RAM→AR
05	00				00				40				60				RAM→DR2
06	80				80				08				E0				RAM→DR1
07	50				00				04				80				DR1+DR2→Rd
08	00				29				02				90				RAM→AR
09	80				80				40				80				R0→RAM
0A	00				00				01				D0				RAM→AR
0B	03				80				40				80				RAM→LED
0C	60				C0				20				80				RAM→PC
0D	00				04				00				48				299右移
0E	00				00				00				80				用户自定义单元
0F	60				14				60				48				299带进位右移

续表 6.3

微地址	说明	3区域代码	2区域代码	1区域代码	0区域代码
10	299左移	48	00	08	60
11	用户自定义单元	80	00	00	00
12	299→R0	80	02	00	60
13	用户自定义单元	80	00	00	00
14	用户自定义单元	80	00	00	00
15	用户自定义单元	80	00	00	00
16	用户自定义单元	80	00	00	00
17	用户自定义单元	80	00	00	00
18	用户自定义单元	80	00	00	00
19	用户自定义单元	80	00	00	00
1A	用户自定义单元	80	00	00	00
1B	用户自定义单元	80	00	00	00
1C	用户自定义单元	80	00	00	00
1D	用户自定义单元	80	00	00	00
1E	用户自定义单元	80	00	00	00
1F	用户自定义单元	80	00	00	00

区域位号说明:

- 3区域 (位7~0): M1, M0, S, W, —, B, UA5, UA4, UA3, UA2, UA1, UA0
- 2区域 (位7~0): M2, M3, M4, M5, M6, M7, M8, M9 (LDWE, LDR0, LDDR2, LDDR1, LDIR, LDAR, LDPC, PX)
- 1区域 (位7~0): M10, M11, M12, M13, M14, M15, M16, M17 (S3, S2, S1, S0, M, CN, LOAD, CE)
- 0区域 (位7~0): M18, M19, M20, M21, M22, M23, M24, M25 (A8, A9, PX3, 保留位, AR, A, B, C)

续表 6.3

微地址	0区域代码	1区域代码	2区域代码	3区域代码	说明
20	—	—	—	—	—
21	00	00	00	C0	SW→R0
22	80	20	60	20	R0→299
23	00	00	00	80	PC→AR,PC+1
24	20	20	60	10	用户自定义单元
25	00	00	00	80	PC→AR,PC+1
26	20	20	60	50	用户自定义单元
27	00	00	00	80	PC→AR,PC+1
28	20	20	40	30	用户自定义单元
29	00	00	00	B0	PC→AR
2A	80	0C	00	80	用户自定义单元
2B	00	00	00	F0	R0→299
2C	80	0C	00	80	用户自定义单元
2D	00	00	00	08	R0→299
2E	80	0C	00	80	用户自定义单元
2F	00	00	00	80	R0→299

0区域位号：M25(C) M24(B) M23(AR) M22(保留位) M21(PX) M20(P3) M19(A9) M18(A8)

1区域位号：M17(LOCE) M16(CNM) M15(S0) M14(S1) M13(S2) M12(S3) M11(M10) M10

2区域位号：M9(PX2) M8(LDAR) M7(LDPC) M6(LDDR1) M5(LDDR2) M4(LDIR) M3(WR0) M2(WE)

3区域位号：UA0 UA1 UA2 UA3 UA4 UA5(PX1) P(SW)—B(M1M0)

6.2 硬布线逻辑控制器模型机的设计与实现

一、实验目的

(1) 融会贯通计算机组成原理课程中各章节的内容,通过知识的综合运用,加深对计算机系统各模块的工作原理及互相联系的认识,特别是对硬布线控制器的认识,建立清晰的整机概念。

(2) 学习运用 ISP(在系统编程)技术进行硬件设计和调试的基本步骤和方法,熟悉集成开发软件中设计、模拟调试工具的使用,体会 ISP 技术相对于传统开发技术的优点。

(3) 培养科学研究的独立工作能力,取得工程设计和调试的实践经验。

(4) 了解微程序控制器与硬布线控制器模型机设计的区别与优缺点。

二、实验器材

Dais 计算机组成原理教学实验系统一台,微型计算机一台,数字万用表一个和排线若干。

三、实验原理

1. 硬布线控制器的基本原理及结构

硬布线控制器本质上就是一个组合电路,它将输入逻辑信号转换成一组输出逻辑信号,即控制信号。它是根据指令系统的操作时间表用组合逻辑线路形成的微命令序列。硬布线控制器的输入信号有指令译码器的输出、时序信号和运算结果标志状态信号等;而输出信号是所有各部件需要的各种微操作控制信号。硬布线控制器结构如图 6.4 所示。

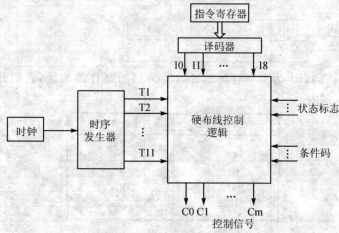

图 6.4 硬布线控制器

2. 硬布线控制器设计步骤

一般来讲,硬布线控制器的设计有下列步骤。

(1) 绘制指令操作流程图　拟定指令操作流程是设计的基础,其目的是确定指令执行的具体步骤,以决定各步所需的控制命令。一般情况下,可根据机器指令的结构格式、数据表示方法及各种运算的算法,把每条指令的执行过程分解成若干功能部件所能实现的基本微操作,并以图的形式排列成有先后次序、互相衔接配合的流程,这称为指令操作流程图。它可以比较形象、直观地表明一条指令的执行步骤和执行过程。

(2) 编排指令操作时间表　指令操作时间表是指令流程图的进一步具体化。它把指令流程图中的各个微操作具体落实到各机器周期相应的节拍和脉冲中去,并以微操作控制信号的形式编排一张表,这称为指令操作时间表。操作时间表形象地表明控制器应该在什么时间、根据什么条件发出哪些微操作控制信号。

(3) 进行微操作综合　对操作时间表中各个微操作控制信号分别按其条件进行归纳、综合,列出其综合的逻辑表达式,并进行适当的调整、化简,得到比较合理的逻辑表达式。

(4) 设计微操作控制信号形成部件　根据各个微操作控制信号的逻辑表达式,用一系列组合逻辑电路实现。可以根据逻辑图用组合逻辑网络实现,也可以直接根据逻辑表达式用 PLD 器件实现。

四、硬布线控制器模型机的设计过程

1. 模型机的指令格式

单字长指令格式

7	4	3	2	1	0
操作码		Rs		Rd	

双字长指令格式

7	4	3	2	1	0
操作码		Rs		Rd	
A					

其中,OP 为操作码,Rs 为源寄存器地址,Rd 为目的寄存器地址,它们分别表示存放两个操作数的寄存器号,即有

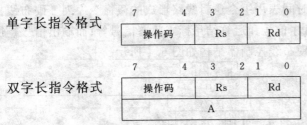

Rs 或 Rd 状态	指定的寄存器
00	R0
01	R1
10	R2
11	R3

2. 模型机的指令系统

表 6.4 表示了模型机的指令系统各指令的名称、操作码及功能。

表 6.4 指令名称、操作码及功能

指令名称	操作码	指令功能
传送指令（MOV）	0000	(Rs) → Rd
加法指令（ADD）	0001	(Rd)+(Rs) → Rd
无条件跳转指令（JMP）	0010	(Rs) → PC
取数指令（LOAD）	0011	(内存单元) → Rd
存数指令（STORE）	0100	(Rs) → (内存单元)

3. 模型机的寻址方式

MOV、ADD、JMP 三条单字长指令为单周期执行完成；STORE、LOAD 两条双字长指令为两周期执行完成，设置周期状态标记为 F，第一机器周期 F=0，第二机器周期 F=1。

4. 模型机硬布线逻辑控制器的设计

（1）模型机的时序系统　模型机控制器的时钟及节拍电位如图 6.5 所示，图中，时钟脉冲由 CLK 时钟脉冲分频得到，经时序发生器产生 T1、T2、T3、T4 信号，两个机器周期分别为 F=0 和 F=1，周期状态标记 F 由组合逻辑控制器产生。

（2）模型机的数据通路如图 6.6 所示，供大家分析与研讨。

（3）指令系统各指令的操作流程如图 6.7 所示，由图可知，取指令操作码的操作安排在两个节拍内完成。在 F=0 周期的 T1 节拍将 PC 的内容送 AR，T2 节拍发出读命令，把取出的机器指令送指令寄存器 IR；对 MOV、Add 和 JMP 指令在 T3 和 T4 节拍内完成 PC+1 与指令的执行；对 LOAD 和 STORE 指令在 T3 节拍内修改 PC 值，在 T4 节拍将 PC 的内容送 AR，同时 F=1，准备取指令的第二个阶段。在 F=1 周期内完成指令的执行。

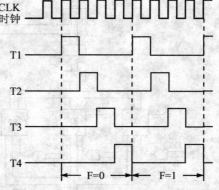

图 6.5　控制器的时钟及节拍电位

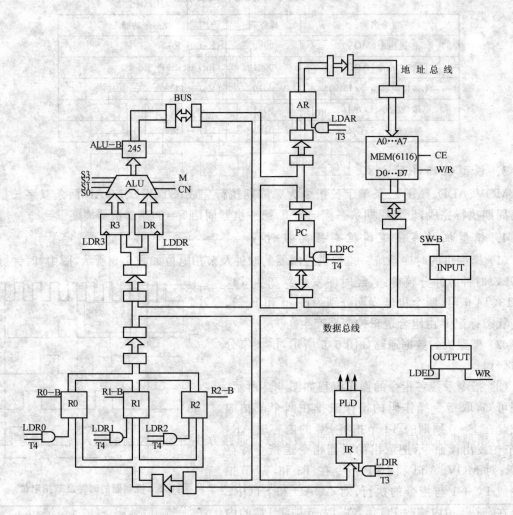

图 6.6 数据通路方块图

第6章 综合性与设计性实验

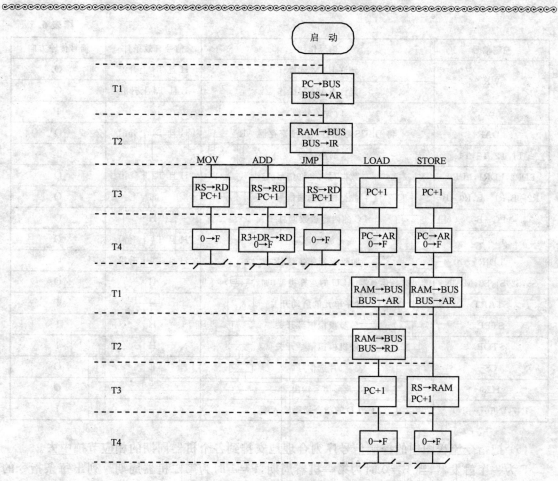

图 6.7 指令流程图

（4）模型机控制信号汇总 根据模型机数据通路方块图列出控制的输入/输出信号如表 6.5 所列。

表 6.5 模型机控制信号一览表

控制信号	信号作用	信号有效条件	信号传输方向
CN	在加法运算和减法运算时产生的进位信号	T4 上升沿	I/O
ALU-B	允许运算结果送往数据总线	H	O
LDR3	用于向 R3 寄存器载入数据	T3 下降沿	O
LDDR	用于向寄存器 DR 载入数据	T3 下降沿	O
CLR	总清零信号		O
SW-B	将 SW7～SW0 数据送往 DBUS	H	O

续表 6.5

控制信号	信号作用	信号有效条件	信号传输方向
WR	允许 RAM 读操作	H 且 T3 上升沿	O
	允许 RAM 写操作	L 且 T3 上升沿	O
φ	时钟信号源	—	I
LDAR	将 DBUS 数据打入地址寄存器 AR	H 且 T4 上升沿	O
T1,T2,T3,T4	时序信号	—	I
LDR2,LDR1,LDR0	数据写入允许信号	H 且 T2 下降沿	O
R2-B,R1-B,R0-B	数据输出选通信号	H	O
PC-B	PC 的内容送数据总线	H	O
LDPC	加载 PC	H 且 T4 上升沿	O
LDIR	加载指令寄存器 IR	H 且 T4 上升沿	O
S3,S2,S1,S0,M,CN	选择运算器 ALU 的运算类型(加、减、与)	H	O
START	时序单元的启动开关	H	I
STEP	单步模拟信号开关	H	I
STOP	停机模拟信号开关	H	I
CS	片选信号	L	O
H23	波形信号输出端	—	O
IN7,IN6……IN0	CPLD 的指令译码输入端	—	I

(5) 把指令流程图中的控制信号序列合理地安排到各个机器周期的相应节拍中去。

F 为一个触发器,当 F=0 时为第一机器周期,F=1 时为第二机器周期。列出每条指令的各操作过程所需的控制信号如下:

① MOV 指令各时钟周期的控制信号
F=0：T1：PC_B,LDAR   ；PC→AR
　　　T2：LDIR,CS   ；RAM→IR
　　　T3：RS_B,PC_B,LDRi,LDPC   ；RS→RD,PC+1
　　　T4：0→F

② ADD 指令各时钟周期的控制信号
F=0：T1：PC_B,LDAR   ；PC→AR
　　　T2：LDIR,CS   ；RAM→IR
　　　T3：RS_B,LDDR,PC_B,LDPC   ；RS→DR,PC+1
　　　T4：LDRi,ALU_B,0→F   ；ALU→RD

③ JMP 指令各时钟周期的控制信号

F=0：T1：PC_B,LDAR　　　　　　　　；PC→AR
　　　T2：LDIR,CS　　　　　　　　　；RAM→IR
　　　T3：RS_B,LDPC,LDAD　　　　　；RS→PC
　　　T4：0→F

④ LOAD 指令各时钟周期的控制信号

F=0：T1：PC_B,LDAR　　　　　　　　；PC→AR
　　　T2：LDIR,CS　　　　　　　　　；RAM→IR
　　　T3：LDPC;PC+1
　　　T4：PC_B,LDAR,1→F　　　　　 ；PC→AR
F=1：T1：LDAR　　　　　　　　　　　；RAM→AR
　　　T2：CS,LDRi　　　　　　　　　；RAM→RD
　　　T3：LDPC　　　　　　　　　　 ；PC+1
　　　T4：0→F

⑤ STORE 指令各时钟周期的控制信号

F=0：T1：PC_B,LDAR　　　　　　　　；PC→AR
　　　T2：LDIR,CS　　　　　　　　　；RAM→IR
　　　T3：LDPC　　　　　　　　　　 ；PC+1
　　　T4：PC_B,LDAR,1→F　　　　　 ；PC→AR
F=1：T1：LDAR　　　　　　　　　　　；RAM→AR
　　　T2：
　　　T3：CS,RS_B,LDPC,WR　　　　 ；RS→RAM,PC+1
　　　T4：0→F

(6) 根据以上各控制信号的时间安排，对每个控制信号进行逻辑综合和化简，得到控制信号的最简逻辑表达式（用 ABEL 硬件语言描述）如下：

```
PC_B = (! T1&! (LOAD&T4)&! (STA&T4))#F
CS = (! T2&! F)#(! T1&! (T2&LOAD)&! (T3&STA&! M)&F)
LDIR = T2&! M&! F
LDPC = T3&M
LDDR = ADD&T3&M&! F
ALU_B = ! (ADD&T4)#F
WR = ! (T3&STA&F)
LD = ! (JMP&T3)#F;
LDAR = ! (T1&! M)&! (LOAD&T4&M&! F)&! (STA&T4&M&! F) LDAR = T1&M#(LOAD#STA)&T4&! M&! F
RS_B = ((! (MOV&T3)&! (ADD&T3)&! (JMP&T3))&! F)#(! (STA&T3)&F)
```

```
LDRi = (MOV&T3&M # ADD&T4&! M)&! F # LOAD&T2&! M&F
0→F = (MOV # ADD # JMP)&T4&! F # (LOAD # STORE)&F&T4
1→F = (LOAD # STORE)&! F&T4
LDAC = LDRi&I1&I0
R0_B = RS_B # I3 # I2
R1_B = RS_B # I3 #! I2
R2_B = RS_B #! I3 # I2
LDR0 = LDRi&! I1&! I0
LDR1 = LDRi&! I1&I0
LDR2 = LDRi&I1&! I0;
```

（7）在 ispEXPERT/Synario 软件设计环境下，组合逻辑控制器可由一个顶层模块电路原理图 6.8 来描述(top.sch)。

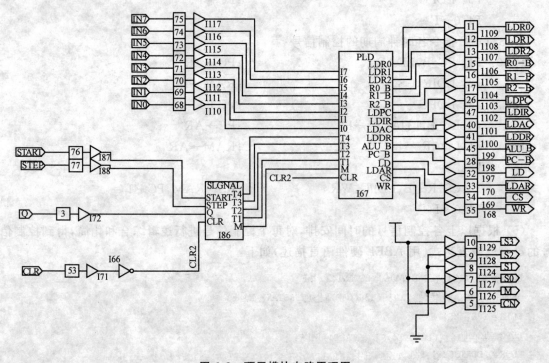

图 6.8 顶层模块电路原理图

（8）CPLD 子模块源程序(cpld.abl)：

```
MODULE CPLD
"INPUT
T1,T2,T3,T4              PIN;
```

第6章 综合性与设计性实验

```
I7,I6,I5,I4,I3,I2,I1,I0                PIN;
M                                      PIN;
CLR                                    PIN;
"OUTPUT
PC_B,LD                                PIN;
LDAR                                   PIN;
CS,WR                                  PIN;
LDIR,LDPC                              PIN;
LDAC                                   PIN;
LDDR,ALU_B                             PIN;
R0_B,R1_B,R2_B                         PIN;
LDR0,LDR1,LDR2                         PIN;
"NODE
RS_B                                   NODE;
LDRi                                   NODE;
MOV,ADD,JMP,LOAD,STA                   ;NODE ISTYPE COM;
F                                      NODE ISTYPE REG;
"
EQUATIONS
"
MOV = ! I6&! I5&! I4;
ADD = ! I6&! I5&I4;
JMP = ! I6&I5&! I4;
LOAD = ! I6&I5&I4;
STA = I6&! I5&! I4;
"
F.AR = CLR;
F.CLK = ! ((LOAD#STA)&T4);
F: = ! F.FB;
"
PC_B = (! T1&! (LOAD&T4)&! (STA&T4))#F;
"CS = (! T2&! F)#(! T1&F)#! (T2&LOAD)&F#! (T3&STA&! M)&F;
CS = (! T2&! F)#(! T1&! (T2&LOAD)&! (T3&STA&! M)&F);
LDIR = T2&! M&! F;
LDPC = T3&M;
LDDR = ADD&T3&M&! F;
ALU_B = ! (ADD&T4)#F;
```

```
WR = ! (T3&STA&F);
LD = ! (JMP&T3)#F;
LDAR = ! (T1&! M)&! (LOAD&T4&M&! F)&! (STA&T4&M&! F);
 //HIGH FOR USUAL
"LDAR = T1&M#(LOAD#STA)&T4&! M&! F;           //LOW FOR USUAL
RS_B = ((! (MOV&T3)&! (ADD&T3)&! (JMP&T3))&! F)#(! (STA&T3)&F);
LDRi = (MOV&T3&M#ADD&T4&! M)&! F#LOAD&T2&! M&F;
LDAC = LDRi&I1&I0;
R0_B = RS_B#I3#I2;
R1_B = RS_B#I3#! I2;
R2_B = RS_B#! I3#I2;
LDR0 = LDRi&! I1&! I0;
LDR1 = LDRi&! I1&I0;
LDR2 = LDRi&I1&! I0;
END
```

SIGNAL 子模块源程序(signal.abl):

```
MODULE SIGNAL
"INPUT
CLR,START,STEP,Q          PIN;
"OUTPUT
T4,T3,T2,T1,M             PIN;
"NODE
F                         NODE ISTYPE 'REG';
SS2,SS1,SS0               NODE ISTYPE 'REG';
MM2,MM1,MM0               NODE ISTYPE 'REG';
"STATES
S0 = ^B000;S1 = ^B001;S2 = ^B010;S3 = ^B011;S4 = ^B100;
SS = [SS2,SS1,SS0];
D0 = ^B000;D1 = ^B001;D2 = ^B010;D3 = ^B011;D4 = ^B100;
MM = [MM2,MM1,MM0];
"
EQUATIONS
SS.CLK = Q;
SS.AR = CLR;
MM.CLK = ! Q;
MM.AR = CLR;
```

```
          F.CLK = START;
       //F.AR = CLR;
          F: = 1;
       STATE_DIAGRAM SS
              STATE S0:T4 = 0;T3 = 0;T2 = 0;T1 = 0;
                  IF F    THEN S1
                                      ELSE   S0;
              STATE S1:T1 = 1;T2 = 0;T3 = 0;T4 = 0;
                  F.AR = 1;
                           GOTO S2;
              STATE S2:T2 = 1;T1 = 0;T3 = 0;T4 = 0;
       //        F.AR = 1;
                           GOTO S3;
              STATE S3:T3 = 1;T1 = 0;T2 = 0;T4 = 0;
                           GOTO S4;
              STATE S4:T4 = 1;T1 = 0;T2 = 0;T3 = 0;
                  IF STEP THEN S0
                                      ELSE S1;
///////////////////////////////////////////////////
STATE_DIAGRAM MM
              STATE D0;M = 0;
          IF T1 THEN D1
                       ELSE   D0;
          STATE D1;M = 1;           GOTO D2;
          STATE D2;M = 0;           GOTO D3;
          STATE D3;M = 1;           GOTO D4;
          STATE D4;M = 0;
          IF STEP THEN D0
                          ELSE D1;
END
```

五、实验步骤

(1) 输入顶层模块电路图(TOP.SCH)。

(2) 用 ABEL 语言设计 PLD 子模块的功能描述程序。

(3) 编译所设计的程序,将生成的 JED 文件下载至 CPLD 芯片 ispLSI1032 中。

(4) 按数据通路图、顶层模块电路原理图,完成实验线路的连接。

(5) 编写一段机器指令程序,验证设计结果。如:

地址(二进制)	内容(二进制)	助记符	说 明
00000000	00110000	LOAD [40],R0	[40]→R0
00000001	01000000		
00000010	00000011	MOV R0,R3	R0→R3
00000011	00010000	ADD R3,R0	R0+R3→R0
00000100	01000000	STORE R0,[0A]	R0→[0A]
00000101	00001010		
00000110	00110000	LOAD [41],R0	[41]→R0
00000111	01000001		
00001000	00100000	JMP R0	R0→PC
01000000	00110100		
01000001	00000000		

机器指令程序按照规定转换成十六进制格式文件,程序清单如下:
;机器指令格式说明("P"代表机器指令):
;PXX XX
;地址 机器代码

P00 30 40   ;LOAD [40],R0
P02 03   ;MOV R0,R3
P03 10   ;ADD R3,R0
P04 40 0A   ;STORE R0,[0A]
P06 30 41   ;LOAD [41],R0
P08 20   ;JMP R0
P40 34
P41 00

联上微型计算机,将上述程序写入相应的地址单元中。

六、测试结果

单步执行机器指令,可通过地址显示灯检查指令执行的地址,运行完后通过微型计算机联机软件检查 RAM 中计算的结果,将测试结果列入表 6.6 中。

表 6.6 测试结果

RAM 地址单元	数据	寄存器	数据	程序计数器	数据
0AH	68H	R0	00H	PC	00H
40H	34H	R3	34H	—	—
41H	00H	—	—	—	—

第 7 章 EDA 技术基础

7.1 ABEL-HDL 简介

硬件描述语言是电子系统硬件行为描述和结构描述、数据流描述的语言,可以利用它进行数字电子系统的设计。硬件描述语言可以分为文字硬件描述语言和图形硬件描述语言。一般而言,硬件描述语言是指文字硬件描述语言。

ABEL-HDL 是美国 DATA I/O 公司研发的一种可编程逻辑器件设计硬件描述语言,该语言适合用于各种不同规模的可编程逻辑器件的设计。

一、ABEL-HDL 的基本元素与语法

在使用 ABEL-HDL 进行逻辑设计时,描述逻辑功能的源文件必须符合 ABEL-HDL 语言语法规范的 ASCII 码文件。

ABEL-HDL 源文件是由各种语句组成的,而语句是由 ABEL-HDL 语言的基本符号构成的,这些符号必须满足一定的格式才能正确描述逻辑功能。

在源文件的语句中,标识符、关键字、数字之间至少必须有一个空格,以便将它们隔开来;但在标识符列表中标识符以逗号隔开。在表达式中,标识符和数字用操作符或括号分隔。空格、点号不能夹在标识符、关键字和数字之间。如空格夹在标识符、数字之间将会被看成两个标识符或数字。

以大写、小写或大小写混合写的关键字被看作同一个关键字,而以大写、小写或大小写混合写的标识符将被看作不同的标识符。

1. 字符集

ABEL-HDL 的有效字符包括数字字符集、大小写英文字符集和 101 键盘使用的大部分字符,共 96 个。ABEL-HDL 的字符用于表示符、字符串和注释。

2. 标识符

标识符作为名称,用来标识器件、器件引脚、节点、宏、集合、输入信号、输出信号、常量和变量等。使用标识符的规则是:

(1) 标识符必须以字母或下画线开头。

(2) 标识符不能超过 31 个字符,且必须在同一行。

(3) 不允许出现空格,两个单词之间需用下画线分隔。

(4) 除保留关键字外,大、小写具有不同意义。
(5) 标识符中不允许使用句号。

保留关键字(又称保留标识符)在 ABEL 程序中具有特殊的功能。表 7.1 列出了 ABEL‑HDL 的保留关键字。

表 7.1 ABEL‑HDL 保留关键字

ASYNC_RESET	ATTRIBUTES	CASE	DECLARATIONS	DEVICE	DIREVTIVE
ELSE	END	ENABLE (OBSOLETE)	ENDCASE	ENDWITH	EQUATIONS
FLAGEA (OBSOLETE)	FUSES	GOTO	IF	IN (OBSOLETE)	ISTYPE
LIBRARY	MACRO	MODULE	NODE	OPTION	PIN
PROPERTY	STATE	STATE_DIAGRAM	STATE_REGISTER	SYNC_RESET	TEST_VECTORS
THEN	TIRLE	TRACE	TRYTH_TABLE	WHEN	WITH

3. 字符串

字符串用于标题、模块及选项的表达,也用于引脚、节点和属性的定义。它包含在一对单引号之间('…'),有若干个可用 ASCII 码字符组成(包括空格)。

注意:如字符串中有单引号或反斜杠,则必须在它们之前再加一个反斜杠。字符串可以写几行,但不能超过 324 个字符。

4. 注 释

ABEL‑HDL 的注释有两种方式:
(1) 起始用一双引号表示,以另一双引号或行结束来结束。
(2) 起始用一双斜杠表示,以一行结束来结束。
注释中不允许使用 ABEL‑HDL 的保留关键字。

5. 操作数

ABEL‑HDL 支持基本的数值运算,其精度最高为 128 位,故操作数范围在 $0 \sim 2^{128}-1$ 之间。操作数采用 5 种方式表示,其中 4 种是按不同的数制表示操作数的,另一种是利用字母表示操作数的。具体规定如下(数值字母可用大写也可用小写):

^b:二进制数;^o:八进制数;^d(没有标记):十进制数;^h:十六进制数。其中,符号"^"应作为一个符号从键盘输入,而不是表示按下控制键。

利用字母表示数时,可用一个或多个字母表示,其实际值是先将字母转换为对应的二进制 ASCII 码,然后连接在一起所构成的数。

6. 运算符、表达式和方程

(1) 运算符　ABEL-HDL 的运算符有 4 种基本类型：逻辑运算符、算术运算符、关系运算符和赋值运算符。

① 逻辑运算符　逻辑运算符用于表达式中，标准逻辑运算符如表 7.2 所列。多位逻辑运算是按位进行的。

表 7.2　逻辑运算符

运算符	优先级	定义	举例	逻辑代数中的含义
!	1	逻辑非	!A	$\overline{A}$
&	2	逻辑与	A&B	$A \cdot B$
#	3	逻辑或	A#B	$A+B$
$	4	逻辑异或	A$B	$A \oplus B$
!$	4	逻辑同或	A!$B	$A \odot B$

② 算术运算符　算术运算符用来定义表达式中各项之间的算术关系。移位运算相当于(乘/除)2 的运算，故也属于算术运算。ABEL-HDL 的算术运算符如表 7.3 所列。

减号运算符用在一个操作数之前时，表示对这个操作数取二进制补码；用于两个操作数之间时，表示将第二个操作数的补码与第一个操作数相加。

除法是无符号整数除法，除的结果是正整数，余数可通过取模得到。

移位是逻辑无符号移位，空位补 0。

表 7.3　算术运算符

运算符	说明	举例
−	取二进制补码	−A
−	算术减法	A−B
+	算术加法	A+B
*	算术乘法	A*B
/	算术除法	A/B
%	取模	A%B
<<	A 左移 B 位	A<<B
>>	A 右移 B 位	A>>B

③ 关系运算符　关系运算符用于表达式中的两项进行比较，其结果为"逻辑真"或"逻辑假"。如：2==4 为假；2!=4 为真；2>4 为假。ABEL-HDL 使用的关系运算符如表 7.4 所列。

表 7.4　关系运算符

运算符	说　明	举　例
==	等于	A==B
!=	不等于	A!=B
<	小于	A<B
<=	小于或等于	A<=B
>	大于	A>B
>=	大于或等于	A>=B

　　关系运算的结果一般的理解是,逻辑真为(1),逻辑假为(0)。在计算机中,逻辑真用"－1"表示,即32位全置1;逻辑假用"0"表示,即32位全置0。

　　所有的关系运算都是无符号的。如:(2==3)结果等于0,(3<5)结果等于1。在计算机的实际运算中,数通常是以补码方式表示的,又如:关系表达式"－1>2"的运算结果为真,因为－1的补码大于2。

　　④ 赋值运算符　赋值运算符是一种用于逻辑方程而不能用于表达式的特殊运算符,赋值运算符通过逻辑方程将表达式的值赋给逻辑描述中的信号或信号集。ABEL-HDL 有四个赋值运算符如表 7.5 所列。

表 7.5　赋值运算符

运算符	说　明	举　例
=	非时钟赋值	A=B
:=	隐含的时钟赋值	A:=B
?=	非时钟赋值(DC(X))	A?=B
?:=	隐含的时钟赋值(DC(X))	A?:=B

　　常用的赋值运算符有两种,即"＝"和"：＝"。

　　"＝"表示非时钟赋值(也称立即赋值),是组合逻辑方式赋值。

　　"：＝"表示时钟赋值,即在有关的时钟脉冲作用下才进行赋值。

　　(2) 表达式　表达式是标识符和运算符的组合,除赋值运算符外,所有的逻辑运算符、算术运算符和关系运算符都可以用在表达式中。

　　在表达式中,运算符之间存在一定优先级,其中优先级最高为1,最低为4;同一表达式中优先级高的先进行运算;对优先级相同的运算符,和一般的数学运算一样,按从左到右的顺序进行运算,利用圆括号可以改变运算顺序,圆括号中的运算优先进行。各种运算符的优先级在 ABEL-HDL 中的划分如表 7.6 所列。

第7章 EDA技术基础

表 7.6 运算符的优先级

优先级	运算符	说明	优先级	运算符	说明
1	-	取补,二进制补码	3	-	减法
1	!	取反,二进制反码	3	#	逻辑或
2	&	逻辑与	3	$	逻辑异或
2	<<	左 移	3	!$	逻辑同或
2	>>	右 移	4	==	等 于
2	/	无符号除法	4	!=	不等于
2	*	乘法	4	<	小 于
2	%	取 模	4	>	大 于
3	+	加法	4	>=	大于或等于

（3）方程　逻辑方程也称布尔方程,简称方程。在逻辑设计中,方程将一个表达式的值赋给一个或一组信号,表示输入信号与输出信号间的逻辑关系；方程所用的标识符和表达式必须遵守对它们所限定的规则。

方程可以使用组合逻辑运算符"="、"?="和寄存器赋值运算符":="、"?:="。在信号前加上取反运算符"!",表示负逻辑。方程右边的信号名前加上"!",表示对该信号先取反再运算；方程左边信号名前加上"!",表示将方程右边表达式的运算结果取反后再赋给该信号。

7. 特殊常量

在赋值语句、真值表和测试向量中可以使用常量值,也可以把常量赋予标识符,利用标识符使规定的常量值适用于有关模块中。常量值可以是数值,也可以是非数值的专用常量。ABEL-HDL 的专用常量值称为特殊常量值,如表 7.7 所列。

表 7.7 常用特殊常量值

常 量	说 明
.C.	时钟输入(低—高—低转换)
.D.	时钟下降沿(高—低转换)
.F.	浮动输入或输出信号
.K.	时钟输入(高—低—高转换)
.P.	寄存器预加载
.U.	时钟上升沿
.X.	任意态
.Z.	高阻态

当使用特殊常量时,必须以如表 7.7 的形式输入,在字母两边带圆点,否则特殊常量将被认为是一般的标识符。特殊常量可用大写或小写方式输入。

二、ABEL-HDL 程序的基本结构

ABEL-HDL 语言源文件有一个或多个相互独立的模块构成,每一个模块包含了一个完整的逻辑描述。源文件中的所有模块都可以被 ABEL-HDL 软件同时处理。

一个 ABEL-HDL 源文件构成大体如下:

```
模块开始(Module 语句)                    //文件头部,第一模块开始

标志(Flags 语句)                        //说明段
标题(Title 语句)

        器件定义(Device 语句)            //定义段
        引脚、节点定义(Pin、Node 语句)
        属性定义(Istype 语句)
        常量定义(Constant 语句)
        宏定义(Macro 语句)

        逻辑方程式(Equations 语句)        //描述段
        真值表(Truth_table 语句)
        状态图(State_diagram 语句)

熔丝段定义(Fuses 语句)                  //熔丝段
测试向量(Test_vectors 语句)              //测试向量段

模块结束(End 语句)                      //结束段,第一模块结束

                                        //第二模块开始


                                        //第二模块结束

……                                      //等等
```

由上面的 ABEL-HDL 源文件结构知道,一个 ABEL-HDL 源文件包括以下几个方面的信息:

(1) 文件 包括程序名和注释。

(2) 定义　规定逻辑函数的输入和输出。
(3) 语句　详细说明逻辑函数的功能。
(4) PLD 型号的说明。
(5) 测试向量的说明。

ABEL 有一个编译程序,把 ABEL 的文本文件转换为下载到 PLD 的"熔丝图"。即使大多数 PLD 器件内部是"与－或"式结构,但 ABEL 允许用真值表或嵌套的"IF"语句来表示逻辑函数。表 7.8 给出了 ABEL 的程序结构。

表 7.8　ABEL 的程序结构

英文程序结构名	说　明
Module Module name	Module 模块名
Title string	Title 字符串
Device ID Device Device Type	器件 ID Device 器件型号
Pin declarations	引脚定义
other declarations	其他定义
Equations	Equations
equations	方程语句
Test_vectors	Test_vectors
test vectors	测试向量
End Module name	End 模块名

1. 文件头部

文件头部是源文件所必需的,由模块语句和选项语句、标题语句、功能模块接口语句等构成。

(1) 模块语句(Module)　其格式模块各如下。

格式:
Module 模块名
(定义和逻辑描述)
…
end[模块名]

此语句是必需的。它是一个模块的头,而且必须有一个 End 语句与之相配合。模块名是用户自定义的模块名称。模块语句相当于原理图文件中的元件符号。一个大的程序可能有多个模块,每个模块有自己的标题、定义和方程式。同一个源文件中的模块不能重名。

(2) 选项语句(Options)　选项语句用于语言处理控制器源文件的处理,是可选的。

(3) 标题(Title) 格式及功能如下。

格式：

Title'标题名'

此语句为可选语句，主要说明模块的内容、用途、作者、设计时间和地点、项目编号等，单引号中为说明内容，在编译 ABEL-HDL 时不处理此语句。

(4) 功能模块接口语句(Interface) 格式及功能如下。

格式：

Interface(输入/集合[=端口值]->输出/集合:>双向/集合)；

在文件头部，功能模块接口语句可以用来说明模块本身的输入/输出信号。

2. 定义段

定义段(Declarations)中定义语句共有 6 种，包括器件定义、引脚定义、节点定义，常量定义、属性定义、宏定义等。定义段的作用是在逻辑描述之前，将本模块所使用的信号的名称及其属性和所使用的器件、常量、数组、宏等提供给语言处理程序。

(1) 器件定义(Device) 格式及功能如下。

格式：

器件标识符 Device 实际的器件

实际器件为所代表的实际器件的工业型号，用字符串表示。它的作用是把器件标识符同某个特定的 PLD 联系起来。当选用的 EDA 软件对所使用的器件是通过菜单选择时，器件定义语句可以省略。

(2) 引脚/节点定义(Pin,Node)与属性定义 格式及功能如下。

格式：

[!]信号[,!]信号…Pin[引脚号,引脚号…]ISTYPE'属性'；

[!]信号[,!]信号…Node[引脚号,引脚号...]ISTYPE'属性'；

其中，Pin 和 Node 为关键字，各信号与引脚对应。如果不希望预先设定信号的引脚位置，关键字 Pin 和 Node 后面的引脚可以不写。若在某个信号之前加"!"，即"非"号，表示该引脚为低有效。

属性是指输出信号的性质。使用 Istype 语句，能将属性赋给信号。例'com'表示组合线路的输出信号。

一般把属性定义放在引脚/节点定义的后面，作为同一个语句处理；也可以紧接在引脚/节点定义的后面，另起一行，作为一个独立的定义部分。

属性可用大写、小写字母或混合方式输入。常用的信号属性定义如表 7.9 所列。

表7.9 常用信号属性定义及其意义

属 性	意 义
'Buffer'	寄存器输出,实际输出引脚与寄存器之间无反相器
'Com'	组合逻辑信号输出
'Dc'	未规定的逻辑为任意态(don't care)
'Invert'	寄存器输出,实际输出引脚与寄存器之间有反相器
'Neg'	负极性(未规定的逻辑为'0')
'Pos'	负极性(未规定的逻辑为'1')
'Reg'	寄存器信号输出
'Reg_D'	D触发器
'Reg_T'	T触发器
'Reg_SR'	SR触发器
'Reg_JK'	JK触发器
'Reg_G'	带选通时钟的D触发器
'Retain'	输出不最小化,保留信号冗余乘积项,PLAOpt需用不简化选项
'Latch'	锁存器输入引脚(只用于输入信号)

(3) 常量定义 格式及功能如下。

格式:

id[,id] ⋯=express[,express] ⋯;

常量定义用于定义一个模块中所用的常量。这些常量在整个模块中都用带定值的标识符表示,若模块中需多次使用同一定值,用常量表示就很方便。常量的取值由等号右边的表达式赋给,语句中所列的常量名与表达式之间必须一一对应,语句结尾的分号不能省略。

注意:常量定义不能自身引用,常量也不能互定义。

(4) 其他定义 格式及功能如下。

它是指宏定义、库定义、符号状态定义、层次定义、数组定义和表达式定义等。

3. 逻辑描述段

ABEL-HDL逻辑描述段的方式有方程式、真值表、状态图、熔丝图、异或因子和点扩展,其中每种方式都以一个关键字或符号开始,以引导相应的逻辑描述。

(1) 点扩展 信号的点扩展类似于信号的属性,用点扩展可以更准确地描述一个电路的行为。点扩展主要应用于复杂的语言结构中,如嵌套的集合或较复杂的表达式。

点扩展可以分为两种情况:用于通用结构的点扩展(见表7.10)和用于特定结构的点扩展(见表7.11)。

表 7.10　ABEL-HDL 部分通用结构的点扩展

点扩展	说明
.CLK	边沿触发器的时钟输入
.OE	输出使能
.PIN	引脚反馈
.FB	寄存器反馈
.CLR	同步清除
.ACLR	异步清除
.SET	同步置位
.ASET	异步置位
.COM	组合反馈

表 7.11　ABEL-HDL 部分特定结构的点扩展

点扩展	说明
.D	D 触发器的数据输入
.J	JK 触发器的 J 输入
.K	JK 触发器的 K 输入
.S	SR 触发器的 S 输入
.R	SR 触发器的 R 输入
.T	T 触发器的 T 输入
.Q	寄存器输出(通常用在宏中,书写源文件时可省略)
.PR	寄存器预复位
.RE	寄存器复位(同步或异步)
.AP	寄存器异步置'1'
.AR	寄存器异步复位
.SP	寄存器同步置'1'
.SR	寄存器同步复位
.LE	锁存器的锁存使能输入
.LH	锁存器的锁存使能(高电平)
.LD	寄存器并行置数输入
.CE	时钟选通触发器的时钟使能输入

(2) 方程式(Equations) 格式及功能如下。

格式：

Equations[In 器件名]

方程式表示一组布尔方程的开始，方程用布尔函数来描述逻辑功能。在 ABEL-HDL 中，每个方程相应于文件的一行。对每一行的书写规定如下：

① 每行的长度不得超过 150 个字符；

② 每行用"；"结尾。所谓一行不是指显示屏上用回车符分出的行，而是一个完整的方程。

例如：

  F=A&B&C

   #！A&！B&！C；   //这是 1 行

  F1=A&B；   F2=C&D；   //这是 2 行

书写逻辑方程时，需要考虑电路的每一个细节，写出每个输出引脚或节点(包括时钟、复位等控制端)的方程，而这些方程是否最简是不重要的，ABEL-HDL 软件对源程序编译后可对方程进行化简。使用方程可由方程的复杂度大致估计电路规模，并指导器件的选择。

(3) 真值表(Truth_table) 真值表以表格的形式说明不同输入下的输出。ABEL 中真值表的语法为

Truth_table[器件名](输入向量—>输出向量)　或

Truth_table[器件名](输入向量:>输出向量)　或

Truth_table[器件名](输入向量:>寄存器输出—>输出向量)

其中：

● 器件名是已定义过的器件标识符，表示与真值表有关的器件；

● 输入向量是逻辑关系中的输入部分；

● 输出向量是逻辑关系中的输出部分；

● 寄存器输出是信号寄存后输出；

● —>表示输入输出为组合逻辑关系；

● :>表示输入输出为时序逻辑关系。

真值表的具体格式如下：

Truth_table   //第一行，块首，即关键字

(输入向量—>输出向量)   //第二行，表头，两头用圆括号。若输入信号或输出信号不止一个，需用集合(向量)的形式表示。左边是输入信号，右边是输出信号。输入输出之间加上赋值信号如"—>"、":>"等

输入信号值—>输出信号值；   //表的内容及形式与表头相同，但不加圆括号，行末尾用"；"

……

输入信号值->输出信号值；

一般情况下，一个系统若单纯用真值表描述，其规模相当庞大，因此真值表方法不适合于复杂电路。

真值表方法的主要优点是用来描述组合逻辑电路时，可以免去仿真过程，故常用来描述局部电路。

（4）状态图(State_diagram)　状态图是一种专门描述时序逻辑的方法，可以更简便地设计如计数器、顺序控制器之类的时序状态机。状态图描述方法是以电路的状态为中心，表示当前状态（现态）在一定输入条件下向下一个状态（次态）的转移，以及伴随状态转移发生的即刻输出值的变化。

用状态图进行逻辑描述时，需用 State_diagram 结构和决定状态转移的各种语句，如 If_then_else 语句、Case 语句、Goto 语句以及 With_endwith 语句等。

状态机的表达形式为：

```
State_diagram  state_reg[->state_out]
State  state_exp:  [equations];      //state_exp 是所描述的当前状态的表达式，设计时可按
                                       需要设定以状态数。后面的方程(可选项)是该状态下
                                       的即刻输出
                                     //在下一个时钟执行转移语句，使状态机转移到下一个
                                       状态

                   [equations];
       ……
       ……
                   Trans_stmt;       //转移语句，可为 If_then_else、goto 等语句，后面可跟
                                       with_endwith 语句
                                     //每一个状态必须包含转移语句，用来说明状态的转移
                                       情况，是状态图的关键。
                                     //若某个状态的所有条件均不满足，则下一个状态为不
                                       定态
```

下面是几个转移语句的例子：

```
IF X= =Y THEN 3;                    //如果 X 等于 Y,则进入状态 3
IF A.b THEN p ELSE q;               //如果 A.b 不等于 0,则进入状态 p,否则进入状态 q
IF X1 THEN A
    ELSE IF X2 THEN B               //联用语句，适用于条件不是互斥的情况
        ELSE IF X3 THEN C
            ELSE D;                 //最后一句必须用分号结束
```

```
        CASE[S0 = = ]! X1&! X0:S0;            //括号中的内容可以省略
                                               //CASE 与 END CASE 之间的表达式必须满足互斥条件,
                                               即在任何时候,只有一个表达式条件为真

             [S0 = = ]! X1&X0:S1;
             [S0 = = ]X1&! X0:S2;
             [S0 = = ]X1&X0:S3;
                                               //CASE 语句中的表达式应包含所有可能的条件,如果
                                               语句中没有表达式取真值,则状态既无法定义下一
                                               个状态,其相应的操作与所用器件有关。如对使用 D
                                               触发器的 PLD 器件,下一个状态为清零状态
        END CASE;
        GOTO A;                                //无条件转移
        IF X THEN A
            WITH q:=0;n:=1;                    //联用语句,用于指定与本次转移相应的输出方程
            ENDWITH;
                ELSE B
                WITH q:=1;n:=0;
                ENDWITH;
```

(5) 熔丝图(Fuses) 源文件中的熔丝部分可以清楚地说明有关器件中的熔丝状态,器件必须在熔丝说明之前被说明。

7.2 ispLEVER 简介

ispLEVER 是 Lattice 公司最新推出的一套 EDA 软件。其设计输入可采用原理图、硬件描述语言、混合输入三种方式。能对所设计的数字电子系统进行功能仿真和时序仿真。编译器是此软件的核心,能进行逻辑优化,将逻辑映射到器件中去,自动完成布局与布线并生成编程所需要的熔丝图文件。软件中的 Constraints Editor 工具允许经由一个图形用户接口选择 I/O 设置和引脚分配。软件包含 Synolicity 公司的"Synplify"综合工具和 Lattice 的 ispVM 器件编程工具。ispLEVER 软件提供给开发者一个简单而有力的工具,用于设计所有莱迪思可编程逻辑产品。软件支持所有 Lattice 公司的 ispLSI、MACH、ispGDX、ispGAL、GAL 器件。ispLEVER 工具套件还支持莱迪思新的 ispXPGATM 和 ispXPLDTM 产品系列,并集成了莱迪思 ORCA Foundry 设计工具的特点和功能。这使得 ispLEVER 的用户能够设计新的 ispX-PGA 和 ispXPLD 产品系列,ORCA FPGA/FPSC 系列和所有莱迪思的业界领先的 CPLD 产品而不必学习新的设计工具。

软件主要特征:

(1) 输入方式　原理图输入；ABEL-HDL 输入；VHDL 输入；Verilog-HDL 输入；原理图和硬件描述语言混合输入。

(2) 逻辑模拟　功能模拟；时序模拟。

(3) 编译器　结构综合、映射、自动布局和布线。

(4) 支持的器件　含有支持 ispLSI 器件的宏库及 MACH 器件的宏库、TTL 库；支持所有 ispLSI、MACH、ispGDX、ispGAL、GAL、ORCA FPGA/FPSC、ispXPGA 和 ispXPLD 器件。

(5) Constraints Editor 工具　I/O 参数设置和引脚分配。

(6) ispVM 工具　对 ISP 器件进行编程。

软件支持的计算机平台：Windows 98/NT/2000/XP。

一、ispLEVER 开发工具的原理图输入

1. 启动 ispLEVER

选择 Start→Programs→Lattice Semiconductor→ispLEVER 菜单，启动 ispLEVER。

2. 创建一个新的设计项目

(1) 选择 File→New Project 菜单项，弹出 Create New Project 对话框。

(2) 在 Create New Project 对话框的 Project Name 栏中，键入项目名 d:\user\demo.syn。在 Project type 栏中选择 Schematic/ABEL（ispLEVER 软件支持 Schematic/ABEL、Schematic/VHDL、Schematic/Verilog 等的混合设计输入，在此例中，仅有原理图输入，因此可选这三种中的任意一种）。

(3) 经选择菜单 New Prject 和键入项目名后，可以看到默认的项目名和器件型号：Untitled and ispLSI5256VE-165LF256，如图 7.1 所示窗口。

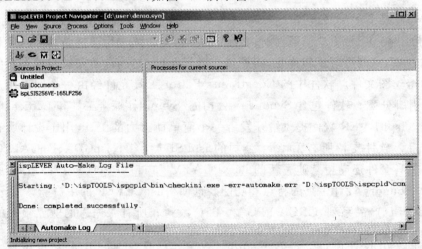

图 7.1　新建项目窗口

3. 项目命名

(1) 用鼠标双击 Untitled。

(2) 在 Title 文本框中输入"Demo Project",并选 OK 按钮。

4. 选择器件

(1) 双击 ispLSI5256VE-165LF256,出现如图 7.2 所示器件选择对话框。

(2) 在 Select Device 中选择 ispMACH 4000 项。

(3) 按动器件目录中的滚动条,直到找到并选中器件 LC4032V-10T44I。单击 OK 按钮,选择这个器件。

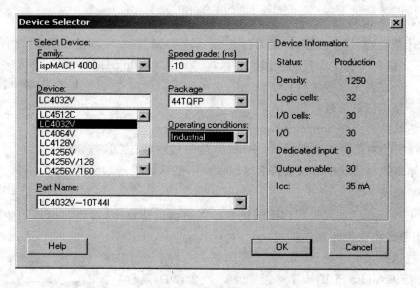

图 7.2 器件选择对话框

(4) 软件弹出如图 7.3 所示的 Confirm Change 提示框,单击 Yes 按钮。

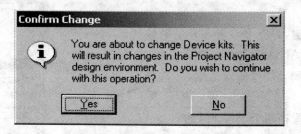

图 7.3 确认变化提示框

(5) 因改选器件型号后,先前的约束条件可能对新器件无效,因此在软件接着弹出的如图 7.4 显示的 ispLEVER Project Navigator 提示框中,单击 Yes 按钮,可以用来去除原有的约束条件。

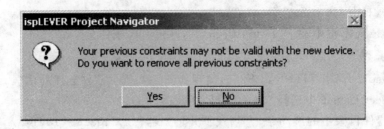

图 7.4 项目管理器提示框

5. 在设计中增加源文件

一个设计项目由一个或多个源文件组成。这些源文件可以是原理图文件（*.sch）、ABEL HDL 文件（*.abl）、VHDL 设计文件（*.vhd）、Verilog HDL 设计文件（*.v）、测试向量文件（*.abv）或者是文字文件（*.doc，*.wri，*.txt）。在以下操作步骤中，需要在设计项目中添加一张空白的原理图纸。

(1) 从菜单栏上选择 Source→New 项。

(2) 在弹出的对话框中选择 Schematic(原理图)，并单击 OK 按钮。

(3) 在弹出的对话框中输入文件名 demo.sch，确认后单击 OK 按钮。

6. 原理图输入

经过以上的操作已进入了原理图编辑器。在下面的步骤中，将要在原理图中画上几个元件符号，并用引线将它们相互连接起来。

从菜单栏选择 Add→Symbol 项，出现如图 7.5 所示的元件符号选择对话框。

(1) 选择 GATES.LIB 库，然后选择 G_2AND 元件符号。

(2) 将鼠标移回到原理图纸上，注意此刻 AND 门粘连在光标上，并随之移动。

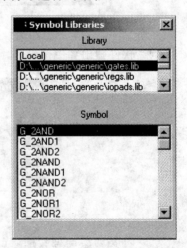

(3) 单击鼠标左键，将符号放置在合适的位置。

(4) 再在第一个 AND 门下面放置第二个 AND 门。

(5) 将鼠标移回到元件库的对话框，并选择 G_2OR 元件符号。

(6) 将 OR 门放置在两个 AND 门的右边。

(7) 现在选择 Add 菜单中的 Wire 项。

(8) 单击第一个 AND 门的输出引脚，并开始画引线。

(9) 随后每次单击鼠标，便可弯折引线（双击便终止连线）。

图 7.5 元件符号选择对话框

(10) 将引线连到 OR 门的一个输入脚。
(11) 重复上述步骤,连接第二个 AND 门。

7. 添加更多的元件符号和连线

(1) 采用上述(1)~(11)个步骤,从 REGS.LIB 库中选一个 g_d 寄存器,并从 IOPADS.LIB 库中选择 G_OUTPUT 符号。
(2) 将它们互相连接,实现如图 7.6 所示的原理图。

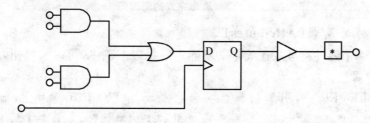

图 7.6 示例文件原理图

8. 完成连线和命名的设计

在这一节,通过为连线命名和标注标记(I/O Markers)来完成原理图。

当要为连线加信号名称时,可以利用 ispLEVER 的特点,同时完成两件事:添加连线和连线的信号名称。这一点很有用,可以节省设计时间。I/O Markers 是特殊的元件符号,它指明了进入或离开这张原理图的信号名称。

注意:连线不能被悬空(dangling),必须连接到标记(I/O Marker)或逻辑符号上。这些标记采用与之相连的连线的名字,与 I/O Pad 符号不同,将在下面定义属性(Add Attributes)的步骤中详细解释。

(1) 为了完成连线和命名的设计,选择 Add 菜单中的 Net Name 项。
(2) 屏幕底下的状态栏将提示要输入的连线名,输入'A'并按 Enter 键,连线名会粘连在鼠标的光标上。
(3) 将光标移到最上面的与门输入端,并在引线的末连接端(也即输入脚左端的红色方块),按鼠标左键,并向左边拖动鼠标。这可以在放置连线名称的同时,画出一根输入连线。
(4) 输入信号名称应该是加注到引线的末端。
(5) 重复这一步骤,直至加上全部的输入'B','C','D'和'CK',以及输出'OUT'。
(6) 选择 Add 菜单的 I/O Marker 项,将会出现一个对话框,选择 Input。
(7) 将鼠标的光标移至输入连线的末端(位于连线和连线名之间),并单击鼠标的左键,这时会出现一个输入 I/O Marker,标记里面是连线名。
(8) 鼠标移至下一个输入,重复上述步骤,直至所有的输入都有 I/O Marker。
(9) 在对话框中选择 Output,然后单击输出连线端,加上一个输出 I/O Marker。

（10）至此原理图就基本完成，出现如图7.7所示原理图。

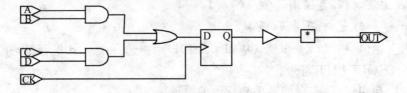

图7.7　最终完成的原理图

9. 定义器件的属性（Attributes）

可以为任何一个元件符号或连线定义属性。通过以下例子，可以为输出端口符号添加引脚锁定 LOCK 的属性。

注意：在 ispLEVER 中，引脚的属性实际上是加到 I/O Pad 符号上，而不是加到 I/O Marker 上。同时也要注意，只有当需要为一个引脚增加属性时，才需要 I/O Pad 符号；否则，只需要一个 I/O Marker。

（1）在菜单栏上选择 Edit→Attribute→Symbol Attribute 项，出现一个 Symbol Attribute Editor 对话框。

（2）单击需要定义属性的输出 I/O Pad。

（3）对话框里会出现一系列可供选择的属性，如图7.8所示对话框。

（4）选择 PinNumber 属性，并且把文本框中的"*"替换成"4"（"4"为器件的引脚号）。这样，该 I/O Pad 上的信号就被锁定到器件的第4个引脚上了。

（5）关闭对话框，此时数字"4"出现在 I/O Pad 符号内。

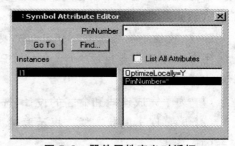

图7.8　器件属性定义对话框

10. 保存已完成的设计

从菜单栏上选择 File→Save 命令，再选 Exit 命令。

二、设计的编译与仿真

1. 建立仿真测试向量（simulation test vectors）

（1）在已选择 LC4032V-10T44I 器件的情况下，选择 Source 菜单中的 New 命令。

（2）在对话框中，选择 ABEL Test Vectors，然后单击 OK 按钮。

（3）输入文件名 demo.abv 作为测试向量文件名，单击 OK 按钮。

（4）文本编辑器弹出后，输入如图7.9所示的测试向量文本1。

（5）选择 File→Save 命令，以保留测试向量文件。

第 7 章 EDA 技术基础

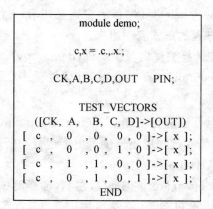

图 7.9 测试向量文本 1

(6) 再次选择 File→Exit 命令。
(7) 此时项目管理器(Project Navigator)窗口如图 7.10 所示。

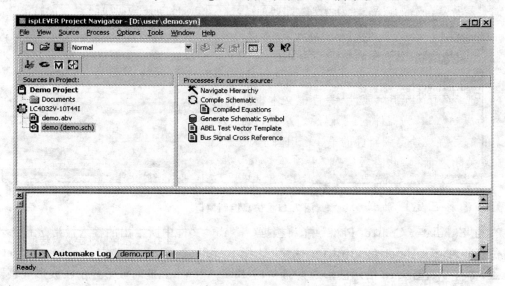

图 7.10 项目管理器窗口

2. 编译原理图与测试向量

现在已经为设计项目建立起所需的源文件,下一步是执行每一个源文件所对应的处理过程。选择不同的源文件,可以从项目管理器窗口中观察到该源文件所对应的可执行过程。在这一步,分别编译原理图和测试向量。

(1) 在项目管理器左边的项目源文件(sources in project)清单中选择原理图(demo.sch)。
(2) 双击原理图编译(compile schematic)处理过程。

(3) 编译通过后,Compile Schematic 过程的左边会出现一个绿色的查对记号,以表明编译成功。编译结果将以逻辑方程的形式表现出来。

(4) 然后从源文件清单中选择测试向量源文件(demo.abv)。

(5) 双击测试向量编译(compile test vectors)处理过程。

3. 设计的仿真

ispLEVER 开发系统不但可以进行功能仿真(functional simulation),而且可以进行时序仿真(timing simulation)。在仿真过程中还提供了单步运行和断点设置功能。

(1) 功能仿真

1) 在 ispLEVER Project Navigator 的主窗口左侧,选择测试向量源文件(demo.abv),双击右侧的 Functional Simulation 功能条,将弹出如图 7.11 所示的仿真控制窗口(simulator control panel)。

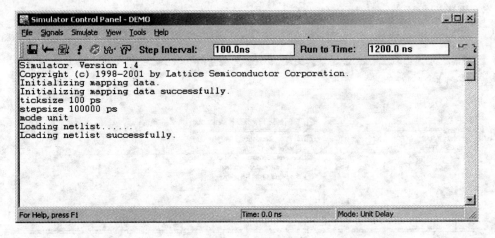

图 7.11 仿真控制窗口

2) 在 Simulator Control Panel 中,将根据(*.abv)文件中所给出的输入波形进行一步到位的仿真。在 Simulator Control Panel 中,选择 Simulate→Run,再选择 Tools→Waveform Viewer,将打开如图 7.12 所示波形观察器 Waveform Viewer。此时波形显示在波形观察器的窗口中。

3) 单步仿真 选 Simulator Control Panel 窗口中的 Simulate→Step 可对设计进行单步仿真。ispLEVER 中仿真器的默认步长为 100ns,设计者可根据需要在选择 Simulate→Settings 菜单所激活的对话框(Setup Simulator)中重新设置所需要的步长。选择 Simulator Control Panel 窗口中的 Simulate→Reset 菜单,可将仿真状态退回至初始状态(0 时刻)。随后,每单击 Step 一次,仿真器便仿真一个步长。如图 7.13 是单击了 7 次 Step 按钮后所显示的波形,所选步长为 100 ns。

第 7 章 EDA 技术基础

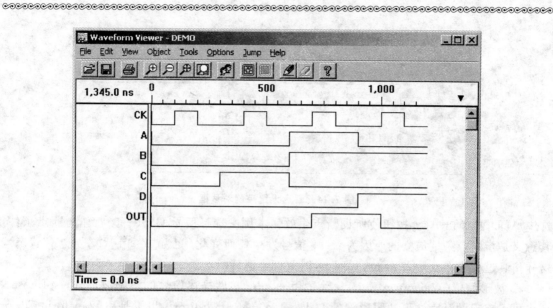

图 7.12 波形观察器

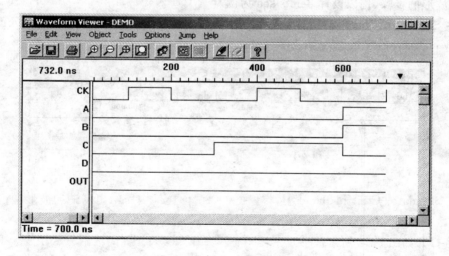

图 7.13 单步仿真结果波形

4) 设置断点（Breakpoint） 在 Simulator Control Panel 窗口中，选择 Signal→Breakpoints 项，显示如图 7.14 所示的断点设置控制 Breakpoint 窗口。

在该窗口中单击 New 按钮，开始设置一个新的断点。在 Available Signals 栏中单击鼠标，选择所需的信号，在窗口中间的下拉滚动条中可选择设置断点时该信号的变化状况，例如：—>0，是指该信号变化到 0 状态；!=1，是指该信号处于非 1 状态。一个断点可以用多个信号所处的状态来作为定义条件，这些条件在逻辑上是与的关系。最后在 Breakpoints 窗口中，先

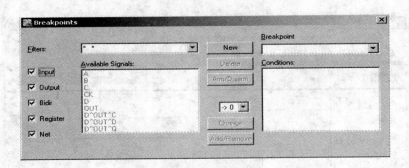

图 7.14 断点设置控制对话框

选中 ADD,再单击 Arm 按钮使所设断点生效。本例中选择信号 OUT->? 作为断点条件,其意义是指断点条件成立的原因为 OUT 信号发生任何变化(变为"0"、"1"、"Z"或"X"状态)。这样仿真过程中在 0 ns,700 ns,1000 ns 时刻都会遇到断点。

5) 波形编辑(Waveform Edit) 除了用 *.abv 文件描述信号的激励波形外,ispLEVER 还提供了直观的激励波形的图形输入工具——Waveform Editor。以下是用 Waveform Editor 编辑激励波形的步骤(仍以设计 demo.sch 为例):

① 在 Simulator Control Panel 窗口中,选择 Tools→Waveform Editor 项,进入波形编辑器窗口(Waveform Editing Tool),如图 7.15 所示。

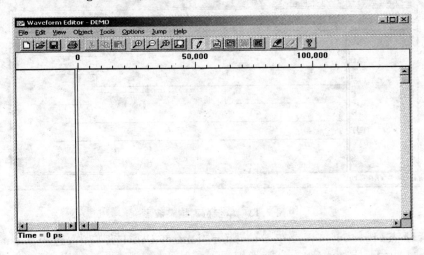

图 7.15 波形编辑器对话框

② 在上述窗口中选择 Object→Edit Mode 项,将弹出如图 7.16 所示的波形编辑子对话框。

③ 在 Waveform Editing Tool 窗口中选择 Edit→New Wave 项,弹出如图 7.17 所示对话

框。在该对话框中的 Polarity 选项中选择 Input，然后在对话框底部的文本框中输入信号名：A,B,C,D,CK。每输完一个信号名单击 Add 按钮一次。

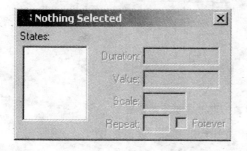

图 7.16　无确定对象的波形编辑子对话框

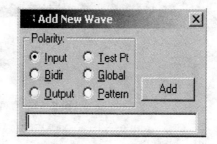

图 7.17　添加新波形对话框

④ 在完成上述步骤③以后，Waveform Editing Tool 窗口中有了 A,B,C,D,CK 的信号名，如图 7.18 所示。

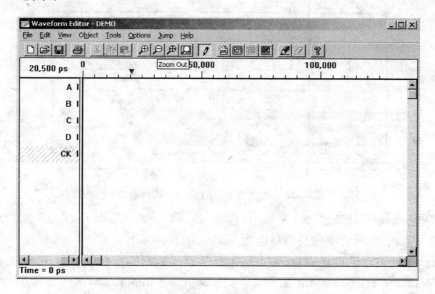

图 7.18　添加新波形以后的波形编辑器窗口

单击图 7.18 窗口左侧的信号名 A，开始编辑 A 信号的激励波形。单击 0 时刻右端且与 A 信号所处同一水平位置任意一点，波形编辑器子对话框中将显示如图 7.19 所示信息。

在 States 栏中选择 Low，在 Duration 栏中填入 200 ns 并按回车键。这时，在 Waveform Editing Tool 窗口中会显示 A 信号在 0～200 ns 区间为 0 的波形。然后在 Waveform Editing Tool 窗口中单击 200 ns 右侧区间任一点，可在波形编辑器的子对话框中编辑 A 信号的下一个变化。重复上述操作过程，编辑所有输入信号 A,B,C,D,CK 的激励波形，并将这些波形保

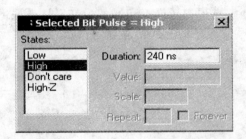

图 7.19 有确定对象的波形编辑子对话框

存在 wave_in.wdl 文件中。完成后，Waveform Editing Tool 窗口如图 7.20 所示。

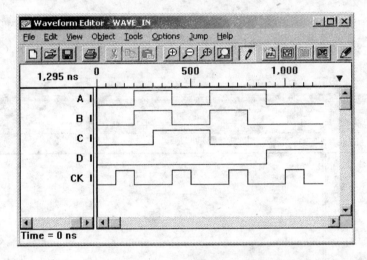

图 7.20 完成编辑后的波形编辑器窗口

⑤ 在 Waveform Editing Tool 窗口中，选择 File→Consistency Check 项，检测激励波形是否存在冲突。在该例中，错误信息窗口会提示 No Errors Dected。

⑥ 至此，激励波形已描述完毕，剩下的工作是调入该激励文件（wave_in.wdl）进行仿真：回到 ispLEVERProject Navigator 主窗口，选择 Source→Import 项，调入激励文件 wave_in.wdl。在窗口左侧的源程序区选中 wave_in.wdl 文件，双击窗口右侧的 Functional Simulation 栏进入功能仿真流程，以下的步骤与用 *.abv 描述激励的仿真过程完全一致，在此不再赘述。

（2）时序仿真（Timing Simulation） 时序仿真的操作步骤与功能仿真基本相似，以下简述其操作过程中与功能仿真的不同之处。

仍以设计 Demo 为例，在 ispLEVER Project Navigator 主窗口中，在左侧源程序区选中 Demo.abv，双击右侧的 Timing Simulation 栏进入时序仿真流程。由于时序仿真需要与所选器件有关的时间参数，因此双击 Timing Simulation 栏后，软件会自动对器件进行适配，然后打开与功能仿真时间相同的 Simulator Control Panel 窗口。

时序仿真与功能仿真操作步骤的不同之处在于仿真的参数设置上。在时序仿真时,打开 Simulator Control Panel 窗口中的 Simulate→Settings 菜单,出现 Setup Simulator 对话框。在此对话框中可设置延时参数(simulation delay)的最小延时(minimun delay)、典型延时(typical delay)、最大延时(maximun delay)和 0 延时(zero delay)。最小延时是指器件可能的最小延时时间,0 延时指延时时间为 0。

在 Setup Simulator 对话框中,仿真模式(simulation mode)可设置为两种形式:惯性延时(inertial mode)和传输延时(transport mode)。

将仿真参数设置为最大延时和传输延时状态,在 Waveform Viewer 窗口中显示的仿真结果如图 7.21 所示。

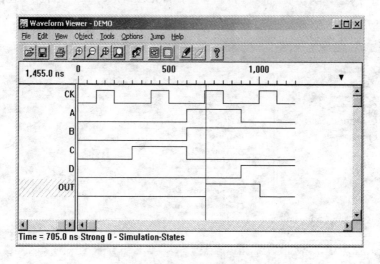

图 7.21 时序仿真结果

由图可见,与功能仿真不同的是:输出信号 OUT 的变化比时钟 CK 的上升沿滞后了 5 ns。

4. 建立元件符号(Symbol)

ispLEVER 工具的一个非常有用的特点是能够迅速地建立起一张原理图符号。通过这一步骤,可以建立一个可供反复调用的逻辑宏元件,以便放置在更高一层的原理图纸上。后面将说明如何调用。这里仅说明如何建立元件符号。

(1) 双击原理图的资源文件 demo.sch,并将其打开。

(2) 在原理图编辑器中,选择 File 菜单。

(3) 从下拉菜单中,选择 Matching Symbol 命令。

(4) 关闭原理图。

至此,原理图的宏元件符号已经建立完毕,并且被加到元件表中。设计者可以在后面调用这个元件。

三、硬件描述语言和原理图混合输入

ispLEVER 软件支持 ABEL/原理图、VHDL/原理图、Verilog/原理图的混合输入。现以 ABEL/原理图为例，介绍硬件描述语言和原理图混合输入的方法。

现在，要建立一个简单的 ABEL HDL 语言输入的设计，并且将其与"设计的编译与仿真"中完成的原理图进行合并，以层次结构的方式，画在顶层的原理图上。然后对这个完整的设计进行仿真、编译，最后适配到器件中。

1. 启动 ispLEVER

如果在"设计的编译与仿真"的练习后退出了 ispLEVER，选择 Start→Programs→LatticeSemiconductor→ispLEVER 菜单，屏幕上出现的项目管理器如图 7.22 所示。

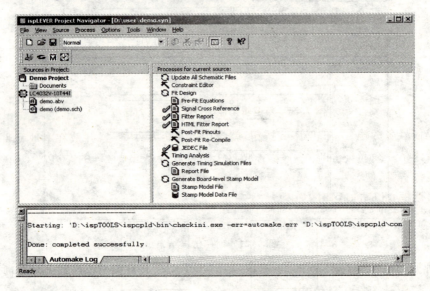

图 7.22 项目管理器窗口

2. 建立顶层的原理图

（1）仍旧选择 LC4032V-10T44I 器件，从菜单栏上选 Source→New。

（2）在弹出对话框中选 Schematic，并单击 OK 按钮。

（3）在文本框中输入文件名 top.sch，并单击 OK 按钮，进入原理图编辑器。

（4）调用"设计的编译与仿真"中创建的元件符号。选择 Add 菜单中的 Symbol 项，出现 Symbol Libraries 对话框，选择 Local 库，会在下部的文本框中有一个叫 demo 的元件符号，这就是在"设计的编译与仿真"中自行建立的元件符号。

（5）选择 demo 元件符号，并放到原理图上的合适位置。

第 7 章 EDA 技术基础

3. 建立内含 ABEL 语言的逻辑元件符号

要为 ABEL-HDL 设计文件建立一个元件符号,只要知道了接口信息,就可以为下一层的设计模块创建一个元件符号。而实际的 ABEL-HDL 设计文件可以在以后完成。

在原理图编辑器里,选择 ADD 菜单里的 New Block Symbol 命令,这时候会出现一个对话框,提示输入 ABEL 模块名称及其输入信号名和输出信号名,并按照图 7.23 所示输入信息。

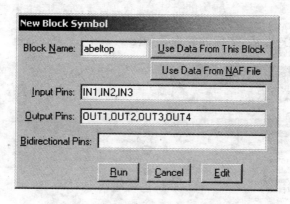

图 7.23 新逻辑元件符号信息输入对话框

当完成信号名的输入,单击 Run 按钮,就会产生一个元件符号,并放在本地元件库中。同时元件符号还粘连在光标上,随之移动。把这个符号放在 demo 符号的左边。

单击鼠标右键,便显示 Symbol Libraries 的对话框。请注意 abeltop 符号出现在 Local 库中。关闭对话框,此时的原理图如图 7.24 所示。

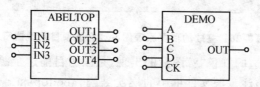

图 7.24 添加内含 ABEL 语言的逻辑符号后的原理图

4. 完成原理图

添加必需的连线、连线名称以及 I/O 标记,来完成如图 7.25 所示顶层原理图。如果需要帮助,参考"ispLEVER"开发工具的原理图输入中有关添加连线和符号的指导方法。画完后,存盘退出。

5. 建立 ABEL-HDL 源文件

需要建立一个 ABEL 源文件,并把它链接到顶层原理图对应的符号上。项目管理器可以按以下步骤简化:

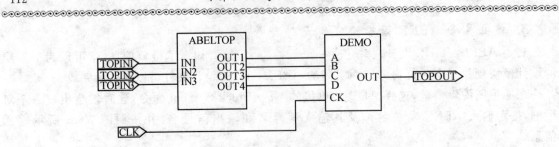

图 7.25 设计完成的顶层原理图

(1) 在完成顶层原理图后,当前的管理器如图 7.26 所示窗口。

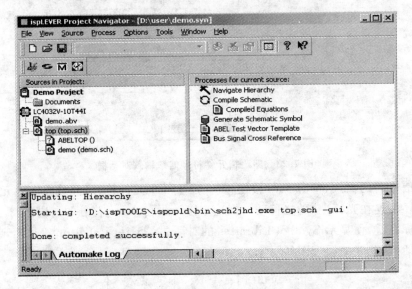

图 7.26 完成的顶层原理图设计后的项目管理器窗口

(2) 注意 abeltop 左边的红色"?"图标的出现,是因为目前这个源文件还是个未知数,至今还没有建立。同时也应该注意源文件框中的层次结构,abeltop 和 demo 源文件位于 top 原理图的下方并且偏右,这说明它们是 top 原理图的底层源文件。这也是 ispLEVER 项目管理器另外一个有用的特点。

(3) 为了建立所需的源文件,应选择 abeltop,然后选择 Source 菜单中的 New 命令。

(4) 在 New Source 对话框中,选择 ABEL-HDL Module 并单击 OK 按钮。

(5) 下一个对话框确定模块名、文件名以及模块的标题。为了将源文件与符号相链接,模块名必须与符号名一致,而文件名没有必要与符号名一致。但为了简单,可以给它们取相同的名字。按图 7.27 所示填写相应的栏目。

(6) 单击 OK 按钮进入 Text Editor,而且可以看到 ABEL-HDL 设计文件的框架已经呈现出来。

(7) 输入如图 7.28 所示的源程序代码以确保输入代码位于 TITLE 语句和 END 语句之间。

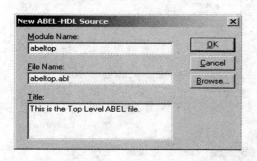

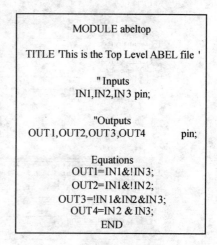

图 7.27　新增 ABEL – HDL 源文件信息输入对话框　　图 7.28　ABEL – HDL 源程序

(8) 经上述(1)~(7)步骤后,选择 File 菜单中的 Save 命令,退出文本编辑器。

注意项目管理器中 abeltop 源文件左边的图标已经改变了。这说明已经有了一个与此源文件相关的 ABEL – HDL 文件,并且已经建立了正确的链接。

6. 编译 ABEL – HDL 源文件

(1) 选择 abeltop 源文件。

(2) 处理过程列表中,双击 Compile Logic 过程。当处理过程结束后,项目管理器如图 7.29 所示。

7. 仿　真

对整个设计进行仿真:仿真时,需要一个新的测试矢量文件。在这个例子中只需要修改当前的测试向量文件。

(1) 双击 demo.abv 源文件,出现文本编辑器。

(2) 按照图 7.30 修改测试向量文件 2。

(3) 存盘退出。

(4) 仍旧选择测试向量源文件,双击 Functional Simulation 过程,进行功能仿真。

(5) 进入 Simulation Control Panel 窗口:选择 Tools→Waveform Viewer 项,打开波形观测器准备查看仿真结果。

(6) 为了查看波形,必须在 Waveform Viewer 窗口中选择 Edit→Show 项,弹出如图 7.31 所示 Show Waveforms 对话框。

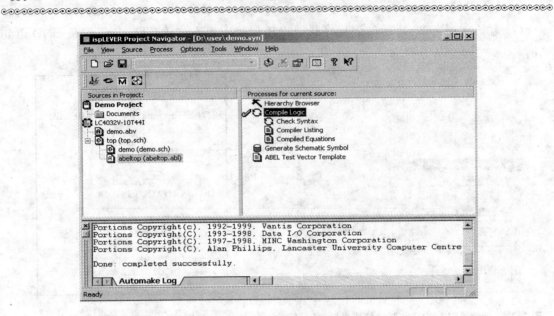

图7.29 编译完成后的项目管理器窗口

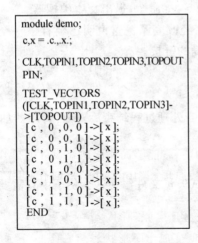

图7.30 测试向量文件2

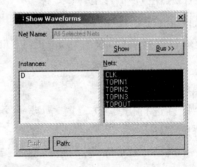

图7.31 Show waveforms 对话框

（7）在 Show Waveforms 对话框中选择 CLK、TOPIN1、TOPIN2、TOPIN3 和 TOPOUT 信号，并且选择 Show 按钮，然后选择 File→Save。这些信号名都可以在波形观测器中观察到。再单击 Run 按钮进行仿真，其结果出现如图 7.32 所示波形。

（8）在步骤（4）中，如双击 Timing Simulation 过程，即可进入时序仿真流程，以下仿真步骤与功能仿真相同。

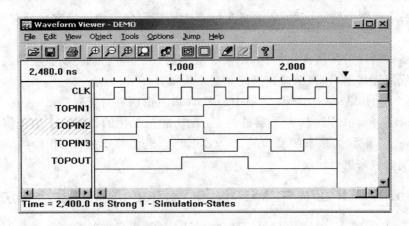

图 7.32 功能仿真结果波形

8. 把设计适配到 Lattice 器件

在完成了原理图和 ABEL 语言的混合设计及其仿真后,将设计下载到 Lattice 器件中。由于在前面已经选择了器件,可以直接执行下面的步骤:

(1) 源文件窗口中选择 LC4032V－10T44I 器件作为编译对象,并注意观察对应的处理过程。

(2) 双击处理过程 Fit Design 将迫使项目管理器完成对源文件的编译,然后连接所有的源文件,最后进行逻辑分割、布局和布线,将设计适配到所选择的 Lattice 器件中。

当这些都完成后,可以双击 HTML Fitter Report,查看一下设计报告和有关统计数据。

注意:将 Y1 端口定义成时钟输入端的方法。

9. 层次化操作方法

层次化操作是 ispLEVER 项目管理器的重要功能,它能够简化层次化设计的操作。

(1) 在项目管理器的源文件窗口中,选择最顶层原理图"top.sch",此时在项目管理器右边的操作流程清单中必定有 Navigation Hierarchy 过程。

(2) 双击 Navigation Hierarchy 过程,即会弹出最顶层原理图"top.sch"。

(3) 选择 View 菜单中的 Push/Pop 命令,光标就变成十字形状。

(4) 用十字光标单击顶层原理图中的 abeltop 符号,即可弹出描述 abeltop 逻辑的文本文件 abeltop.abl。此时可以浏览或编辑 ABELHDL 设计文件,浏览完毕后用 File 菜单中的 Exit 命令退回顶层原理图。

(5) 用十字光标单击顶层原理图中的 demo 符号,即可弹出描述 demo 逻辑的底层原理图 demo.sch。此时可以浏览或编辑底层原理图。

(6) 若欲编辑底层原理图,可以利用 Edit 菜单中的 Schematic 命令进入原理图编辑器。编译完毕后,用 File 菜单中的 Save 和 Exit 命令退出原理图编辑器。

(7) 底层原理图浏览完毕后,用十字光标单击底层原理图中任意空白处即可退回上一层原理图。

(8) 若某一设计为多层次化结构,则可在最高层逐层进入其底层,直至最底一层;退出时亦可以从最底层逐层退出,直至最高一层。

(9) 层次化操作结束后用 File 菜单中的 Exit 命令退回项目管理器。

ispLSI1016 和 ispLSI2032 两种器件的 Y1 端功能是复用的。如果不加任何控制,适配软件在编译时将 Y1 默认为是系统复位端口(RESET)。若欲将 Y1 端用作时钟输入端,必须通过编译器控制参数来进行定义。

四、ispLEVER 工具中 VHDL 和 Verilog 语言的设计方法

用户的 VHDL 或 Verilog 设计可以经 ispLEVER 系统提供的综合器进行编译综合,生成 EDIF 格式的网表文件,然后可进行逻辑或时序仿真,最后进行适配,生成可下载的 JEDEC 文件。

1. VHDL 设计输入的操作步骤

(1) 在 ispLEVER System Project Navigator 主窗口中,选择 File→New Project 项建立一个新的工程文件,此时会弹出如图 7.33 所示的对话框。

注意:在该对话框中的 Project Type 栏中,必须根据设计类型选择相应的工程文件的类型。本例中,选择 VHDL 类型。若是 Verilog 设计输入,则选择 Verilog HDL 类型。将该工程文件存盘为 demo.syn。

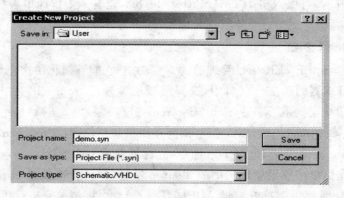

图 7.33 创建新设计项目对话框

(2) 在 ispLEVER System Project Navigator 主窗口中,选择 Source→New 项。在弹出的 New Source 对话框中,选择 VHDL Module 类型。此时,软件会产生一个如图 7.34 所示的 New VHDL Source 对话框。

在对话框的各栏中,分别填入如图中所示的信息。单击 OK 按钮后,进入文本编辑器

第 7 章 EDA 技术基础

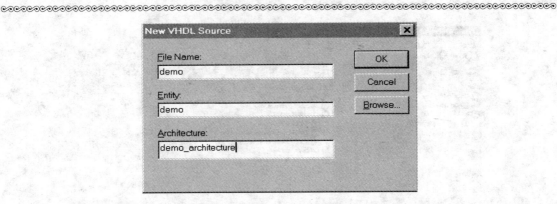

图 7.34 新建 VHDL 源文件信息输入对话框

Text Editor，以编辑 VHDL 文件。

（3）在 Text Editor 中输入如图 7.35 所示的 VHDL 设计文件，并存盘。

此 VHDL 设计文件所描述的电路与图 7.7 所输入的原理图相同，只不过将输出端口 OUT 改名为 OUTP（因为 OUT 为 VHDL 语言保留字）。

（4）此时，在 ispLEVER System Project Navigator 主窗口左侧的源程序区中，demo.vhd 文件被自动调入。选择器件 ispMACH4A5-64/32-10JC，并选择菜单 Options→Select RTL Synthesis 项，显示如图 7.36 所示对话框。

```
library ieee;
use ieee.std_logic_1164.all;
entity demo is
    port( A, B, C, D, CK:     in std_logic;
        OUTP:    out std_logic);
end demo;
architecture demo_architecture of demo is
signal INP: std_logic;
begin
    Process (INP, CK)
    begin
        if (rising_edge(CK)) then
            OUTP <= INP;
        end if;
    end process;
    INP <= (A and B) or (C and D);
        end demo_architecture;
```

图 7.35 VHDL 设计文件   图 7.36 Select RTL Synthesis 对话框

在该对话框选择 Synplify，即采用 Synplify 工具对 VHDL 设计进行综合。此时的 ispLEVER System Project Navigator 主窗口如图 7.37 所示。

（5）双击 Processes 窗口的 Synplify Synthesize VHDL File 进行编译、综合。或者选择菜

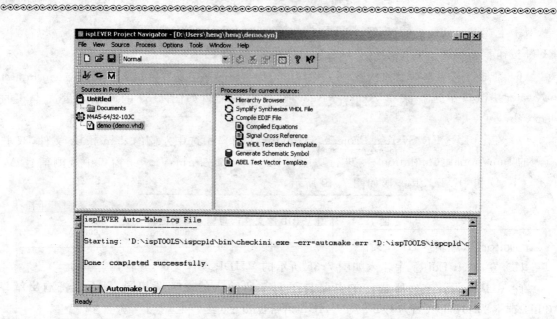

图 7.37　完成 VHDL 源程序输入后的项目管理器窗口

单 Tools→Synplify Synthesis 项产生如图 7.38 所示的窗口。选 Add 调入 demo.vhd，然后对 demo.vhd 文件进行编译和综合。

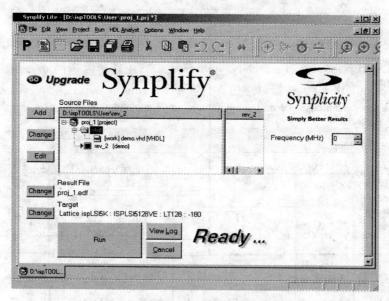

图 7.38　VHDL 源程序编译与综合窗口

若整个编译、综合过程无错误，该窗口在综合过程结束时会自动关闭。若在此过程中出

第7章 EDA 技术基础

错,双击上述 Synplify 窗口中 Source Files 栏中的 demo.vhd 文件进行修改并存盘,然后单击 RUN 按钮重新编译。

(6) 在通过 VHDL 综合过程后,可对设计进行功能和时序仿真。在 ispLEVER System Project Navigator 主窗口中选择菜单 Source→New 项,产生并编辑如图 7.39 的测试向量文本 3 的 demo.abv。

(7) 在 ispLEVER System Project Navigator 主窗口中选中左侧的 demo.abv 文件,双击右侧的 Functional Simulation 栏,进行功能仿真。在 Waveform Viewer 窗口中观测信号 A、B、C、CK、D 和 OUTP,其波形如图 7.40 所示。

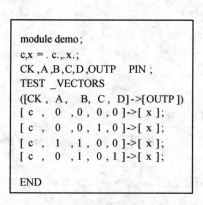

图 7.39 测试向量文本 3

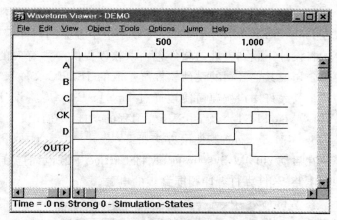

图 7.40 VHDL 设计结果功能仿真波形

(8) 在 ispLEVER System Project Navigator 主窗口中选中左侧的 demo.abv 文件,双击右侧的 Timing Simulation 栏,进行时序仿真。选择 Maximum Delay,在 Waveform Viewer 窗口中观测信号 A、B、C、CK、D 和 OUTP,其波形如图 7.41 所示。

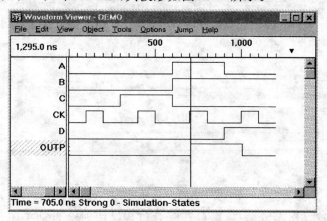

图 7.41 VHDL 设计结果功能时序波形

(9) 在 ispLEVER System Project Navigator 主窗口中选中左侧的 ispMACH 器件,双击右侧的 Fit Design 栏,进行器件适配。该过程结束后会生成用于下载的 JEDEC 文件 demo.jed。

2. Verilog 设计输入的操作步骤

Verilog 设计输入的操作步骤与 VHDL 设计输入的操作步骤完全一致,在此不再赘述。需要注意的是在产生新的工程文件时,工程文件的类型必须选择为 Verilog HDL。

五、ispVM System——在系统编程的软件平台

Lattice 器件的在系统编程是借助 ispVM System 软件来实现的。ispVM System 软件集成在 ispLEVER 软件中,同时也可以是一个独立的器件编程软件。ispVM System™ 是一个综合的将设计下载到器件的软件包。该软件提供一种有效的器件编程方式,即采用由莱迪思半导体公司或其他公司的设计软件所生成的 JEDEC 文件来对 ISP 器件编程。这一完整的器件编程工具允许用户快速简便地通过 ispSTREAM™ 将设计烧写到器件上。它还拥有简化 ispATE™、ispTEST™ 及 ispSVF™ 编程的功能。在此仅介绍最常用的基于 PC 机 Windows 环境的 ispVM System,其使用方法如下:

在启动 ispVM System 前,先将 Lattice 下载电缆连接在微型计算机的并行口和待下载的印刷电路板上,并打开印刷电路板的电源。

在 Windows 中,选择菜单 Start→Programs→Lattice Semiconductor→ispVM System 项,以启动 ispVM System,出现如图 7.42 所示窗口。

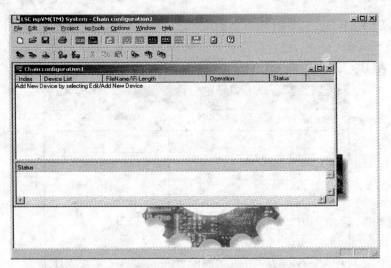

图 7.42 ispVM System 窗口

第7章 EDA 技术基础

在 LSC ispVM System 窗口中,选择菜单 ispTools→Scan Chain 项,ispVM System 软件会自动检测 JTAG 下载回路,找到回路中所有的器件型号。在本例中,印刷电路板上的 JTAG 下载回路中仅有一片 M4A5-64/32-10JC 器件,因此,Scan Chain 后的窗口如图 7.43 所示。

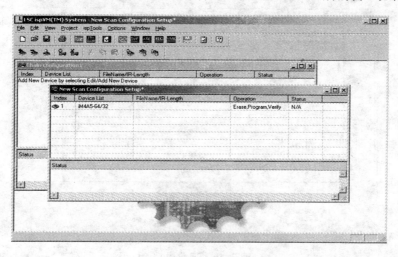

图 7.43　扫描电路板配置设置窗口

为得到可供下载到 M4A5-64/32-10JC 器件中的 JED 文件,可以将"硬件描述语言和原理图混合输入"设计实例中的器件型号改选为 M4A5-64/32-10JC,重新做编译和适配,得到基于 M4A5-64/32-10JC 器件的 JED 文件。

在 LSC ispVM System 窗口中,双击 New Scan Configuration Setup 子窗口中的 iM4A5-64/32 栏,弹出 Device Information 对话框。在该对话框中的 Data File 栏里,选择需要下载的 JED 文件 D:\user\demo.jed;在该对话框中的 Operation 栏里,选择所需的编程操作。这里选 Erase、Program、Verify,对器件进行擦除、编程、校验。完成这些操作后,出现如图 7.44 所示的 Device Information 对话框。单击 OK 按钮,关闭该对话框。

在 LSC ispVM System 窗口中,选择菜单 Project→Download 项,启动下载操作。数秒钟后,下载完成,这时 New Scan Configuration Setup 子窗口中的 Status 栏显示 PASS,并有一个绿色的圆点,如图 7.45 所示。

下面将器件的回读与加密介绍如下:

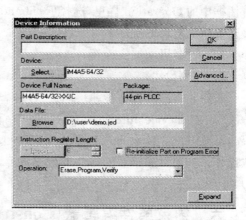

图 7.44　所选器件信息对话框

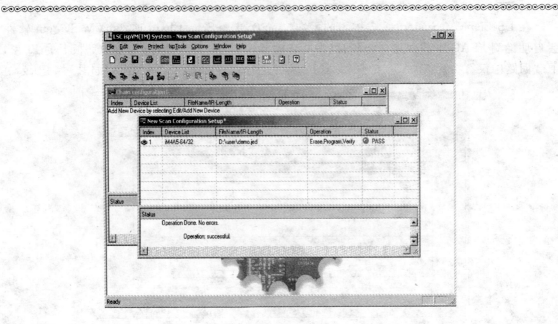

图 7.45　下载成功

1. 器件回读

运用 ispVM™ System 软件,可以将已下载过的、未经加密的器件中的熔丝信息回读出来,并存储为新的 JED 文件,共复制相同设计的器件。其操作方法是:在 Device Information 对话框中的 Operation 栏里,选择 Read and Save JEDEC 操作;同时,在 Data File 栏里,输入将要存放熔丝信息的文件名(JED 文件)。在 LSC ispVM™ System 窗口中,选择菜单 Project→Download 项,启动回读操作。

2. 器件加密

为防止自己的设计被非法回读,设计者可以在下载设计的时候对器件进行加密。其操作方法是:在 Device Information 对话框中的 Operation 栏里,选择 Erase、Program、Verify、Secure 操作。在 LSC ispVM™ System 窗口中,选择菜单 Project→Download 项,启动加密下载操作。如果对加密后的器件进行回读操作,那么可以看到回存的 JED 文件中,熔丝信息均为 0。

六、约束条件编辑器(Constraint Editor)的使用方法

ispLEVER 软件中的 Constraints Editor 是一个功能强大的、集成的设计参数设置工具,其可以设置 Pin Attributes、Global Constraints 和 Resource Reservation 等参数。根据用户所选器件型号的不同,可供选择的参数也不尽相同。以下仍以"硬件描述语言和原理图混合输入"中的设计为例,说明其使用方法。

在 ispLEVER Project Navigator 的主窗口左侧，选中器件型号栏(LC4032V-10T44I)，双击右侧的 Constraint Editor 功能条，打开 Constraint Editor，出现如图 7.46 所示窗口。

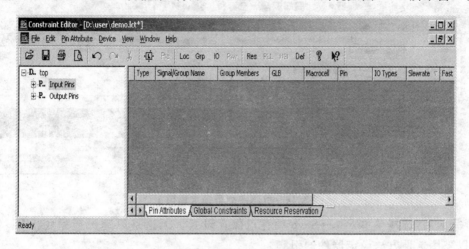

图 7.46 约束条件编辑器

单击窗口左侧 Input Pins 和 Output Pins 左边的田，展现所有的输入信号，如 CLK、TOPIN1、TOPIN2、TOPIN3 以及输出信号 TOPOUT。双击这些信号名，在窗口右侧会出现对应于每个信号的参数行，出现如图 7.47 所示窗口。

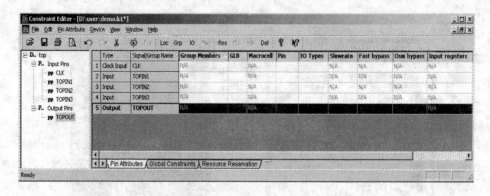

图 7.47 引脚参数编辑器

在参数行中，可以单独设置每个信号的 Group Members、GLB、Macrocell、Pin、I/O Types、Slewrate、Fast bypass、Osm bypass、Input registers 和 Register powerup 等参数。在这些参数中，最常用的是用于引脚锁定的参数 Pin。其设置方法如下：

双击每个信号参数行的 Pin 这一格，输入该信号需要锁定的引脚序列号。假定信号 CLK、TOPIN1、TOPIN2、TOPIN3 和 TOPOUT，需要锁定的引脚号分别为 39,2,3,4,7，分别输入这些引脚号，结果如图 7.48 所示。

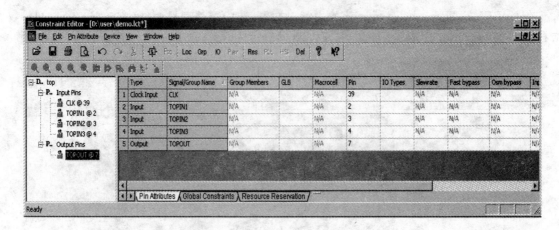

图 7.48 引脚序列号锁定窗口 1

设置完成后,选择菜单 File→Save 项存盘保存设置。无论是原理图还是用 HDL 做的设计,都可以采用这种方法设定器件的引脚。

若需设置 Global Constraints 和 Resource Reservation 的参数,可以按窗口右下方的 Global Constraints 和 Resource Reservation 菜单。

引脚锁定是参数设置中最常用的,以下介绍另一种直观的引脚锁定方法。

在 Constraints Editor 窗口中,选择菜单 Device→Package View 项,窗口变成如图 7.49 所示形式。

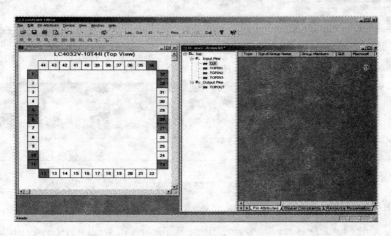

图 7.49 引脚序列号锁定窗口 2

在右侧窗口中选中要锁定的信号名,按下鼠标左键,将该信号拖至窗口左边器件引脚图中对应的引脚上,放开左键,该信号就被锁定在对应的引脚上了。用这种方法锁定引脚方便、直观,在复杂设计中更为方便。

7.3 ispLEVER System 上机实例

1. 要 求

按照图 7.50 所示电路图设计一个四位二进制加法计数器,并进行功能仿真。

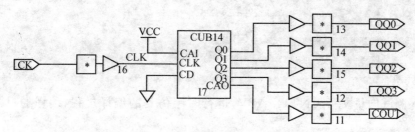

图 7.50 四位二进制加法计数器电路图

2. 操作方法

(1) 建立一个名为 CNT14 的新设计项目,并打开原理图编辑器。

(2) 按照 7.2 节硬件描述语言和原理图混合输入中所介绍建立名为 CBU14 的逻辑元件符号。

(3) 调用逻辑元件 CBU14,完成原理图输入,并标注内部节点名称,然后存盘退出。

(4) 四位二进制加法计数器 CBU14 的 ABEL 描述语句为:

```
MODULE CBU14

CAI,CLK,CD    PIN;
CAO           PIN ISTYPE ′COM′;
Q3..Q0        PIN ISTYPE ′REG′;

count = [Q3..Q0];

EQUATIONS
count.CLK = CLK;
count.AR = CD;
count := (count.fb) & ! CAI;
count := (count.fb + 1) & CAI;
CAO = Q3.Q & Q2.Q & Q1.Q & Q0.Q & CAI;
END
```

(5) 根据以上语句用文本编辑器建立 CBU14.ABL 文件,并用 Source 菜单中的 Import 命令调入设计环境。

(6) 用文本编辑器建立测试向量文件 CNT14.ABV。

```
module CNT14;
    "pins
    CK                      pin;
    QQ0,QQ1,QQ2,QQ3         pin ISTYPE ' REG ';
    COUT                    pin ISTYPE ' COM ';
    test_vectors  (CK -> [QQ0,QQ1])
        @repeat 35 { .c. -> [.x.,.x.]; }
    end
```

(7) 调入测试向量文件 CNT14.ABV,运行时序仿真的编译过程,编译通过后显示出波形图。

通过 Edit 菜单中的 Show 或 Hide 命令显示出如图 7.51 所示的波形,图中,QBUS 是由信号 QQ3、QQ2、QQ1 和 QQ0 所组成的总线信号。

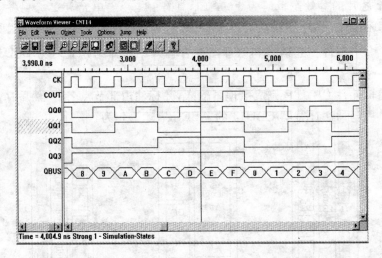

图 7.51 完成测试向量输入后的项目管理器窗口

7.4 并行加法器设计实验

一、实验目的

(1) 掌握并行加法器的原理及其设计方法。
(2) 熟悉 CPLD 应用设计及 EDA 软件的使用。

二、实验设备

Dais-CMH+/CMH 计算器组成原理教学实验系统一台,实验导线若干,微型计算机一台。

三、实验原理

本节实验使用大规模可编程逻辑器件 CPLD 来设计实现一个 4 位的并行进位加法器。传统的数字系统设计只能是通过设计电路板来实现系统功能;而采用可编程逻辑器件,则可以通过设计芯片来实现系统功能。从而有效地增强了设计的灵活性,提高了工作效率。并能够缩小系统体积,降低能耗,提高系统的性能和可靠性。

实验系统中采用的器件是 Lattice 公司的 ispLSI1032 芯片,isp 是指芯片具有"在系统可编程功能",这种功能可随时对系统进行逻辑重构和修改,而且只需要一条简单的编程电缆和一台微型计算机就可以完成器件的编程。

ispLSI1032 芯片的等效逻辑门为 6 000 门,具有 128 个宏单元,192 个触发器和 64 个锁存器,共有 84 个引脚,其中 64 个为 I/O 引脚,ispLSI1032 芯片的结构如图 7.52 所示。

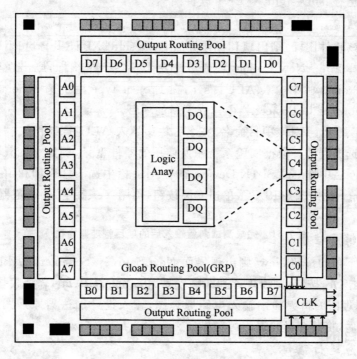

图 7.52　ispLSI1032 芯片结构图

对该器件的逻辑系统设计是通过使用硬件描述语言或原理图输入来实现的。**硬件描述语言有 ABEL、VHDL 等多种语言。本节实验是使用原理图输入来进行编程的。**

下面是一个用原理图输入设计一个四位并行加法器的例子。该加法器采用并行进位,有两组四位加数 A3~A0、B3~B0 输入,四位本地和 F3~F0 输出,一个低位进位 C0 输入及一个本地进位 CY 输出。

系统采用 ispDesignEXPERT 软件来对可编程逻辑器件 ispLSI1032 进行编程设计实验。ispDesignEXPERT 可采用原理图或硬件描述语言或这两种方法的混合输入共 3 种方式来进行设计输入,并能对所设计的数字电子系统进行功能仿真和时序仿真。其编译器是此软件的核心,它能进行逻辑优化,并将逻辑映射到器件中去,自动完成布局与布线并生成编程所需要的熔丝图文件。该软件支持所有 Lattice 公司的 ispLSI 器件。

四、实验步骤

1. 安装 EDA 软件

打开计算机电源,进入 Windows 系统,安装 ispDesignEXPERT 软件。安装完成后,桌面和开始菜单中则建有 ispDesignEXPERT 软件图标。

2. 建立新项目

用鼠标双击该软件图标,则出现其操作界面 ispDesignEXPERT Project Navigator。

在菜单栏选择 File→New Project 项或单击左上角"新建"图标,则出现界面 Create New Project,在其中 Project 栏中输入 ALU1.syn,在 Project type 栏中选 Schematic/ABEL,并单击"保存",则在 Sources in Project 栏中建立了新的项目。

双击第一行 Untitled 对该项目命名,在名称栏中填入 ALU_EX 并单击"OK"按钮。

双击第二行选择器件。根据实验系统中所使用的器件型号,例如对 ispLSI1032-70LJ 这一器件,在 Family 栏中选 ispLSI 1K Device,在 Device 栏中选 ispLSI1032,在 Speed Grade 栏中选 70,在 Package 栏中选 84PLCC,单击 OK 按钮,再用 Yes 确定,则选定器件为 ispLSI1032-70LJ84。

3. 输入编辑原理图

单击界面左下角的按钮 New,则出现界面 New Source:(Schematic/ABEL),在其中选择 Schematic,并单击 OK 按钮,则出现原理图编辑界面 Schematic edit,输入模块名称 ALU 并单击 OK,则可在原理图编辑界面中输入电路原理图,输入设计加法器原理图如图 7.53 所示。输入逻辑图完成后,将其存盘并退出编辑界面。

4. 对源程序进行编译

在 Sources in Project 栏中选中 ispLSI1032-70LJ84,在 Processes for Current Source 栏中双击 JEDEC File,则开始编译。如果编译正确,则生成可下载的文件 JEDEC File,即使出现

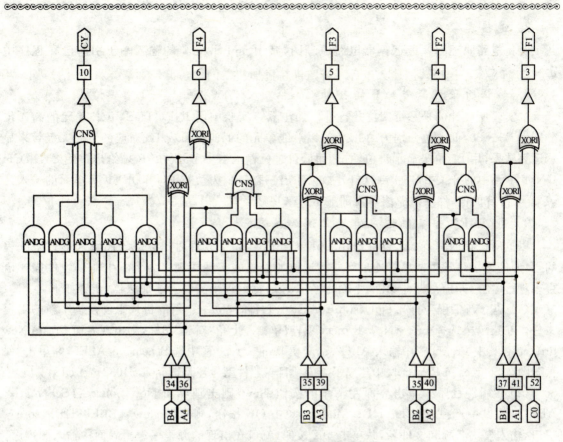

图 7.53　并行进位加法器逻辑原理图

警告提示,也表明成功生成了可下载文件。如果提示错误,则需修改程序,然后重新编译。

5. 连接下载电缆

在打开微型计算机和实验系统的电源之前,将下载电缆的一端与微型计算机的打印机口相连接,另一端与实验系统中的 ispLSI1032 器件编程接口相连。

6. 将 JEDEC 文件下载到 ispLSI1032

首先打开实验系统的电源。在菜单 Tools 中单击 ispDCD,则进入文件下载界面。

在下载界面中,单击菜单 Configuration 中的 Scan Board 项或 SCAN 图标,则出现扫描界面,其下方的信息显示已检测到 ISP 芯片电路。然后单击 BROWSE 按钮,在其中选择要下载的文件 ALU.JED。并在 Command 菜单中,点 Run Operation in Sequential Mode 项或 Run Operation 图标,则进入文件下载过程。在进行下载时,实验系统下载电路的指示灯闪烁。下载完成后,界面下方显示下载过程是否正确的有关信息。

7. 连接实验电路

实验电路原理图参考运算器电路原理图,其中 ispLSI1032 的输入输出引脚已在程序中定义。

8. 验证所设计器件的逻辑功能

本实验所设计的是一个四位并行进位加法器。实验中用 INPUTDEVICE 单元的高4位分别为 B3～B0,低4位分别为 A3～A0,以总线单元的低四位 B3～B0 对应的发光二极管来显示运算结果,用 B7 位来显示进位输出,而低位进位输入由一个开关 AR 来给出。使 SWITCH UNIT 单元中的开关 SW－B＝0(打开数据输出三态门),拨动 INPUT DEVICE 单元的输入开关置 A 和 B 的值,然后从总线单元的显示灯来观察运算结果。

9. 用 ABEL 语言编程来实现上述加法器

以上所设计的并行加法器在应用 ispDesignEXPERT 软件时是以原理图输入形式来编程的,目的是为了让学生能更好地理解并行进位加法器的实现原理。为了学生能以硬件描述语言来进行编程,并描写器件功能,下面用 ABEL 语言编程来实现上述加法器,步骤如下:

(1) 建立新工程　打开 ispDesignEXPERT 软件,建立一个新的目录来创建一个新的工程文件。在菜单栏选择 File→New Project 项,或单击左上角"新建"图标,则出现界面 Create New Project,在其中 Project 栏中输入 ALU2.syn,在 Project type 栏中选 Schematic/ABEL,并单击"保存",则在 Sources in Project 栏中建立了新的项目。器件型号还是选 ispLSI1032－70LJ84。

(2) 编辑源程序　单击界面左下角的按钮 New,则出现界面 New Source:(Schematic/ABEL),在其中选择 ABEL－HDL Module,单击 OK 按钮,则出现 New ABLE－HDL source 窗口,输入模块名称和文件名,并单击 OK 按钮,就可在出现的源程序编辑界面中输入源程序。输入完成后,将其存盘并退出编辑界面。

上述并行加法器设计用 ABEL 语言来描述程序如下:

```
MODULE alu
TITLE ´ 4 bit adder ´
"Inputs
A4,A3,A2,A1 PIN 38,39,40,41;
B4,B3,B2,B1 PIN 34,35,36,37;
C0 PIN 52;
"Outputs
F4,F3,F2,F1 PIN 6,5,4,3;
CY PIN 10;
"VAR
A=[0,A4,A3,A2,A1];
B=[0,B4,B3,B2,B1];
```

```
C = [0, 0, 0, 0, C0];
F = [CY, F4, F3, F2, F1];
"
EQUATIONS
"
F = A + B + C;
"
END
```

(3) 对源程序进行编译,将生成的 JED 文件下载至 ispLSI1032 芯片中。

(4) 实验连线及实验操作步骤同运算器实验。

五、ispLEVER 软件中文件名后缀及其含义

在 ispLEVER 软件中有很多文件,表 7.12 中列出了这些文件的后缀和含义。

表 7.12 ispLEVER 软件中文件名后缀及其含义

文件后缀	文件类型	含 义
*.SYN	源文件	设计项目管理文件
*.ABL	源文件	ABEL 硬件描述语言源文件
*.ABV	源文件	测试向量描述文件
*.SCH	源文件	电路原理图文件
*.VHD	源文件	VHDL 硬件描述语言源文件
*.V	源文件	Verilog 硬件描述语言源文件
*.PPN	源文件	引脚锁定描述文件(用电路图锁定引脚时为中间文件)
*.PAR	源文件	适配器控制参数文件
*.SYM	中间文件	电路符合文件
*.EQ0	中间文件	逻辑描述文件(由 ABL 编译所得)
*.EQ1	中间文件	简化逻辑文件(由 EQ0 化简所得)
*.EQ2	中间文件	带层次连接关系的逻辑描述文件
*.EQ3	中间文件	经优化的逻辑描述文件
*.EQ4	中间文件	经反复优化的逻辑描述文件
*.TMV	中间文件	经编译的测试向量文件
*.TT2	中间文件	逻辑网表输出文件,适配器输入文件
*.FXP	中间文件	逻辑布局结果文件

续表 7.12

文件后缀	文件类型	含　义
*.LST	中间文件	ABEL 源文件的列表文件
*.LOG	中间文件	运行流程记录文件
*.SIM	中间文件	仿真用网表文件
*.JHD	中间文件	层次化关系连接表文件
*.JED	结果文件	熔丝图文件(JEDEC 文件)
*.REP	结果文件	GAL 器件设计编译报告文件
*.RPT	结果文件	IspLSI 器件设计编译报告文件
*.XRF	结果文件	信号和节点简缩名称文件
*.ERR	结果文件	错误报告文件
*.MFR	结果文件	频率分析报告文件
*.TSU	结果文件	寄存器建立和保持时间报告文件
*.TPD	结果文件	TPD 路径延时时间报告文件
*.TCO	结果文件	TCO 路径延时时间报告文件

附录　实验系统硬件使用及资料查阅

附录A　系统硬件环境

一、系统实验单元电路

1. 运算器单元(ALU UNIT)

"B8 运算单元"由以下部分构成：两片74LS181构成了并/串型8位ALU；两片8位寄存器DR1和DR2作为暂存工作寄存器(74LS273)，保存参数或中间运算结果(见图A.1(a))；ALU的输出由三态74LS245通过8芯扁平线连接到数据总线上(见图A.1(c))，一片8位的移位寄存器74LS299通过8芯扁平线连接到数据总线上，由GAL和74LS74锁存器组成进位标志控制电路和判零标志控制电路、进位标志和判零标志指示灯(见图A.1(b))。其整体电路构成如图A.1所示，图中虚线框内的线已在线路板上连好，虚线框为双排8芯总线输入/输出接口，在实验平台的丝印层标有数据流向。

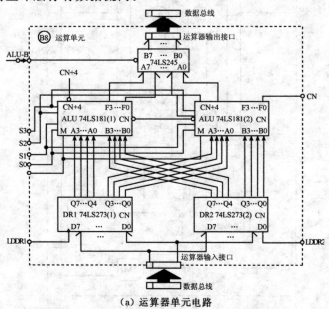

(a) 运算器单元电路

图A.1　运算器单元(ALU UNIT)电路结构图(续)

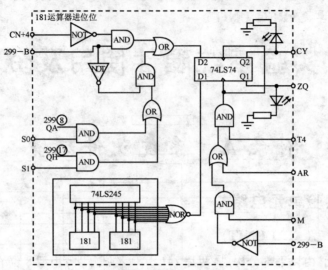

(b) 进位及判零标志控制电路

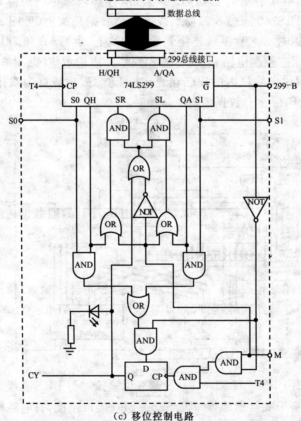

(c) 移位控制电路

图 A.1 运算器单元(ALU UNIT)电路结构图(续)

2. 寄存器组单元(REG UNIT)

"Ⓑ5寄存器组"由 3 片 8 位字长的 74LS374 组成 R0、R1、R2 寄存器,用来保存操作数及中间运算结果等。3 个寄存器的输入/输出接口通过 2 双排 8 芯接口与 BUS 总线连接,如图 A.2 所示。

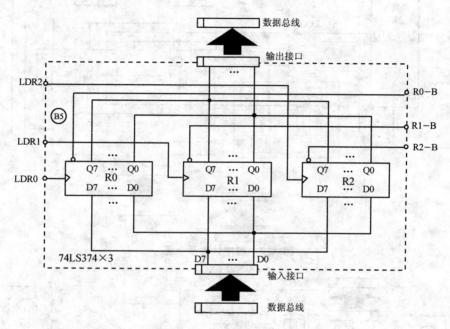

图 A.2 寄存器堆单元电路

3. 程序计数器单元(PC)

"Ⓑ9程序指针"由 2 片 74LS163 构成,作为 8 位程序计数器数据通路用一个 8 芯扁平接口与 BUS 总线相连,如图 A.3 所示。

4. 地址寄存器单元(ADDRESS UNIT)

"Ⓑ2地址总线"由地址锁存器(74LS273)给出,该锁存器的输入/输出通过 8 芯扁平线分别连至数据总线接口和存储器地址接口,地址显示单元显示 AD0~AD7 的内容,其电路原理如图 A.4 所示。

5. 指令寄存器单元(INS UNIT)

"Ⓑ7指令寄存器"由 1 片 74LS273 构成,其 8 位输入端与 BUS 总线之间实验装置已作连接,其输出端用一 8 芯扁平线与微地址单元 SE5~SE0 接口连接,其电路构成如图 A.5 所示。

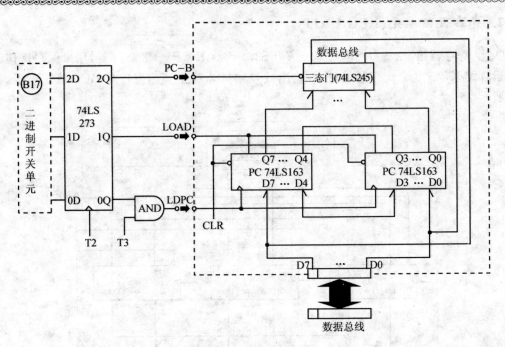

图 A.3 程序计数器单元

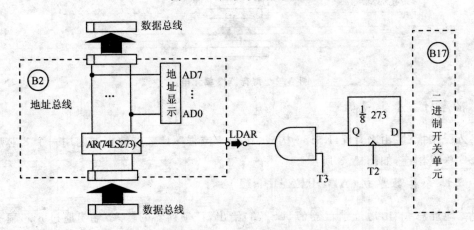

图 A.4 地址寄存器单元

6. 时序启停单元(STATE UNIT)

"B10 时序启停"单元由 $\frac{1}{2}$ 片 74LS74、1 片 74LS175 及 6 个二输入与门、2 个二输入与非门和 3 个反向器构成。该单元可产生 4 个等间隔的时序节拍信号 T1～T4，其中"时钟"信号由"B14 脉冲源"提供。为了便于控制程序的运行，时序电路发生器也设置了一个启停控制触发

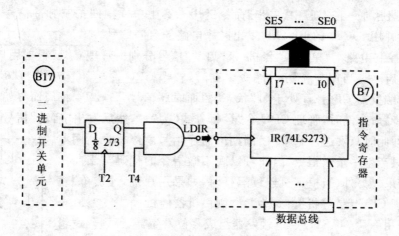

图 A.5 指令寄存器单元电路

器 CR，使 T1～T4 信号输出可控。图 A.6 中启停电路由 $\frac{1}{2}$ 片 74LS74、74LS00 及 1 个二输入与门构成。"运行方式"和"停机"控制位分别由管理 CPU(89C52) 的两个 PI/O 口控制。

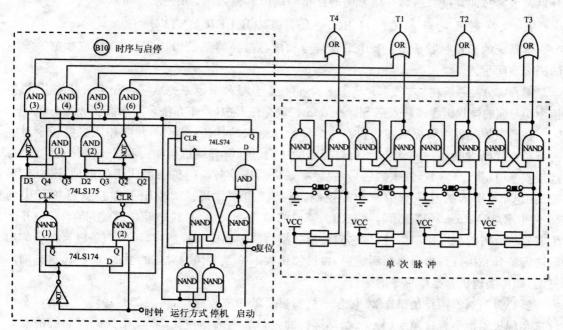

图 A.6 时序启停单元电路

下面详细介绍其中各部分电路的工作原理。

(1) 单周期脉冲 在实验中【单步】命令键用来产生单周期四拍制脉冲信号;"启动"由管理 CPU 产生,并用 89C52 的 PI/O 口发出时序电路的启停信号。

(2) 时序控制电路 "单步"、"停机"及"启动"信号分别由管理 CPU 根据用户键入的操作命令来设定与启动。当用户按【运行】命令键时,管理 CPU 令"运行方式"为"0",并发出"启动"信号,运行触发器 CR 一直处于"1"状态,因而时序信号 T1~T4 将周而复始的发送出去。若用户按【单步】命令键时,管理 CPU 令"运行方式"为"1",然后发出"启动"信号,机器处于单步运行状态,即此时只发送一个 CPU 周期的时序信号就停机。利用单步方式,每次只产生一条微指令,因而可以观察微指令的代码与当前微指令的执行结果。另外,当模型机连续运行时,如果用户键入【宏单】暂停命令键,管理 CPU 置"停机"方式为"1",则使机器停机。

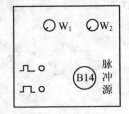

图 A.7 脉冲源

该电路采用一片 74LS175、4D 触发器组成移位发生器,经译码逻辑产生等间隔的时序信号 T1、T2、T3 和 T4。键入启停控制命令,运行触发器 CR 控制,产生受控的全机工作所需的节拍脉冲信号 T1~T4。

(3) 可调式脉冲源 "B14 脉冲源"提供窄脉冲、宽脉冲 2 种时钟信号,由 W_1、W_2 电位器分别调节其脉冲宽度。该脉冲信号为时序信号的时钟输入源,如图 A.7 所示。

7. 微控制器电路单元(MICRO—CONTROLLER UNIT)

本系统的微控制器单元主要由编程部分和核心微控制器部分组成,其电路构成如第 2 章中的图 2.5 所示。

编程部分是系统在"M"或"H"状态下通过键盘与 LED 显示来完成将预先定义好的、与机器指令相对应的微代码程序写入到 SRAM6116 控制存储器中,操作方法参阅本指导书第 4 章。

核心微控制器主要完成接收机器指令译码器送来的代码,使控制转向相应机器指令对应的首条微代码程序;是一个对该条机器指令的功能进行解释或执行的过程。更具体讲,就是通过接收 CPU 指令译码器发来的信号,找到本条机器指令对应的首条微代码的微地址入口,再通过由 CLK 引入的时序节拍脉冲的控制,逐条读出微代码。实验箱上微控制器单元中的 26 位指示灯(M25~M0)显示的状态即为读出的微指令。然后,其中几位再经过译码,一并产生实验箱所需的相应控制信号,将它们加到数据通路中相应的控制位,可对该条机器指令的功能进行解释和执行。指令解释到最后,再继续接收下一条微代码对应的微地址入口,这样周而复始,即可实现机器指令程序的运行。

核心微控制器同样是根据 26 位显示灯所显示的相应控制位,再经部分译码产生的电平信号来实现机器指令程序顺序、分支、循环运行的,所以,有效地定义 32 位微代码对系统的设计至关重要。

在图 A.8 所示的微控制单元电路中:

(1) 微地址显示灯显示的是后续微地址,而 26 位显示灯显示的是当前微单元的二进制控制位。

(2) 微控制代码输出锁存器 74LS273(0)~(2)、74LS175 及后续微地址输出锁存器 M7~M2(74LS74)。

(3) CLK0、CLK1、CLK2、CLK3 为微控制器微代码锁存输出控制位。

(4) T2 为后续微地址输出锁存控制位,在模型机运行状态有效。

(5) 微控制程序存储器(6116)片选端 CS0、CS1、CS2、CS3 受控于管理 CPU(89C52)。

(6) 微控制程序存储器(6116)读、写端 OE、WE 均受控于管理 CPU(89C52)。

(7) SE5~SE0 是指令译码的输入端,通过译码器确定相应机器指令的微代码入口地址。

(8) 4 片 74LS245 在 CPU 管理下产生装载微代码程序所需的四路 8 位数据总线及低 5 位地址线。

(9) 管理 CPU(89C52)及大规模可编程逻辑器件 MACH128N 是系统的指挥与控制中心。

8. 逻辑译码单元(LOG UNIT)

本单元主要功能是根据机器指令及相应的微代码进行译码使微程序转入相应的微地址入口,从而实现微程序的顺序、分支、循环运行,并对 3 个工作寄存器 R0、R1、R2 进行选通译码。逻辑译码单元共由 2 片 GAL 构成,其电路构成如图 A.8 所示。

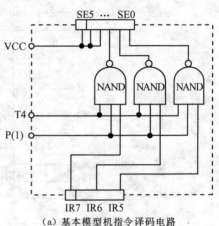

(a) 基本模型机指令译码电路

图 A.8 逻辑译码单元电路

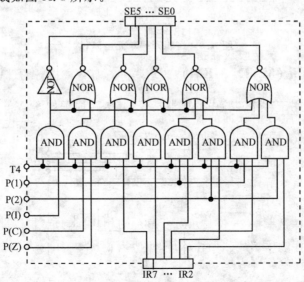

(b) 带移位运算模型机及复杂模型机指令译码电路

图 A.8 逻辑译码单元电路(续)

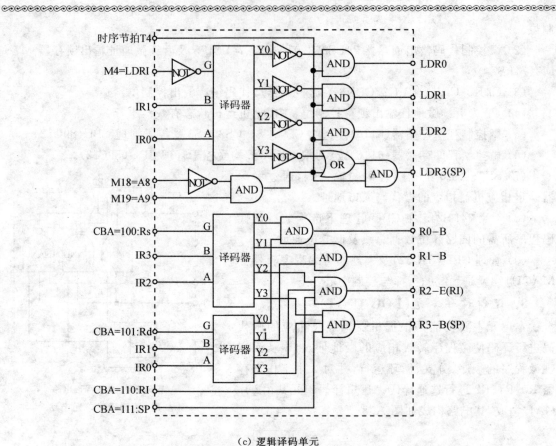

（c）逻辑译码单元

图 A.8　逻辑译码单元电路（续）

9. 主存储器单元（MAIN MEM）

"B3 内存"单元用于存储实验中的机器指令，其电路原理如图 A.9 所示。

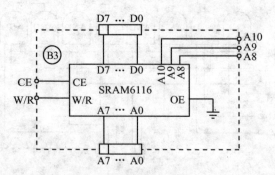

图 A.9　主存储器单元

10. 输入设备单元(INPUT DEVICE)

"B1 缓冲输入"单元以 8 个拨动开关作为输入设备,其电路原理如图 A.10 所示。

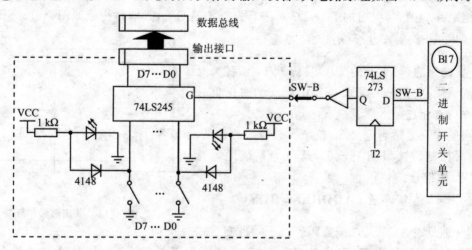

图 A.10 输入设备单元

11. 输出设备单元(OUTPUT DEVICE)

"B4 锁存输出"单元为输出外设,输出数据进入锁存器后由 8 位发光二极管显示其值,如图 A.11 所示。

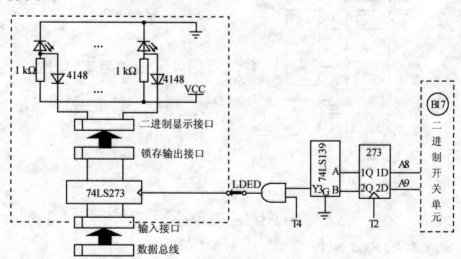

图 A.11 输出设备单元

12. 数据总线单元(DATA BUS)

"B6 数据总线"单元用的数码管和 8 位二进制显示灯分别以十六进制和二进制方式显示当前数据总线的内容,引出的 D0～D7 可进行自行扩展实验,其电路构成如图 A.12 所示。

13. 控制信号发生单元

"B10 时序启停"单元的 T1、T2、T3、T4 插孔为时序信号测试端,它们已和实验单元中相应的时序信号控制端作内部相连。

在实验中只需适当定义 32 位微代码信号的含义,并将读/写控制位接入到 WE 上,就可为系统地址总线提供 W/R 信号。

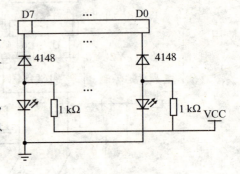

图 A.12 数据总线单元

14. 地址总线单元(ADDRESS BUS)

"B2 地址总线"单元双位数码管以十六进制方式显示当前地址总线的内容,引出的 A0～A7 可进行自行扩展实验,其电路构成如图 A.13 所示。

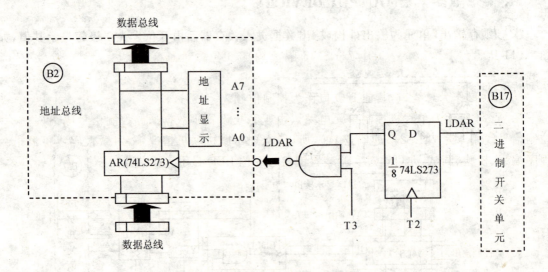

图 A.13 地址总线单元

15. 扩展单元(EX UNIT)

此单元采用 GAL16V8 涵盖 74LS139 译码电路,其结构如图 A.14 所示。

当 A9＝0,A8＝0 时,选中 Y0。Y0 禁用。

当 A9=0,A8=1 时,选中 Y1。Y1 在进行扩展时由实验者选择使用。

当 A9=1,A8=0 时,选中 Y2。Y2 在进行扩展时由实验者选择使用。

当 A9=1,A8=1 时,选中 Y3。Y3 由系统控制线 LDED 使用。

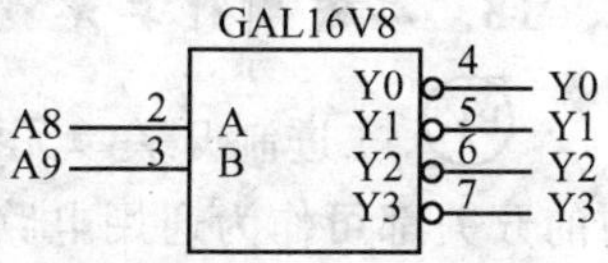

其中:Y0、Y1、Y2、Y3 均为低电平有效。

图 A.14 I/O 译码电路

16. 逻辑信号测量单元(OSC UNIT)

"B15 示波器"单元提供双通道逻辑示波器,用于测量数字信号波形,其构成如图 A.15 所示。

17. 单片机控制单元(8052 UNIT)

"B16 监控单元"为 Dais-CMH$^+$/CMH 特有的单元,控制单元主要包括:

(1) 89C52 以数据扩展方式来完成对系统的控制;

(2) 4 片 74LS245 构成 32 位微代码的写入(编程与装载)、读出(校验);

(3) P3.0、P3.1 和 RS-232C 构成 PC 串行通信接口;

(4) P2.0~P2.5 通过一片 74LS245 隔离构成 6 位微地址总线;

(5) P0 口作为总线口,其他 I/O 口作为控制信号。

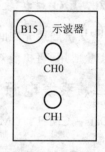

图 A.15 逻辑示波器单元

图 A.16 所示为单片机控制单元电路。由于系统设置了数据通路控制信号隔离(将一些控制信号线用 4 片 74LS245 进行隔离),所以,实现与微机联机情况下,对微代码或机器指令程序编程、校验、调试,亦可通过实验装置键盘与 8 位 LED 显示直接装载。

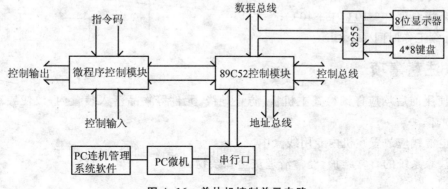

图 A.16 单片机控制单元电路

18. 二进制开关单元(SWITCH UNIT)

"B17 二进制开关单元"的电路构成如图 A.17 所示(图中为开关单元的其中一组),单元中的开关都可作为通用电路使用,二进制开关下方均有丝印字(用户也可以自定义)。

19. PLD 扩展单元

"B20 PLD 扩展"单元由 2 片 PLD 芯片及 PC 编程接口组成,芯片的所有引脚均以"孔"式排针形式引出。2 片 ispLSI1016 芯片可进行在线编程。编程时由专用下载电缆将 PLD 下载接口连接至微型计算机并行口,下载接口分别位于 2 个 PLD 芯片左右侧。

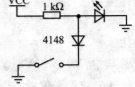

图 A.17 开关单元

20. I/O 口扩展单元

"B11 扩展单元"和"B22 扩展单元"由 2 个 IC-40/28 锁紧式插座构成,为系统和用户自行扩展实验所用,可扩展双列直插式 40 芯以内的所有 I/O 接口芯片。

二、系统电源

Dais-CMH$^+$/CMH 采用高性能开关电源作为实验装置工作电源,其主要技术指标如下:

(1) 输入交流电压　AC110 V～280 V;
(2) 输出直流电压　DC+5 V/3 A;
(3) 输出功率　30 W;
(4) 工作效率　>80%;
(5) 电压调正率　<0.2%;
(6) 负载调正率　<0.5%;
(7) 纹波系数　<0.5%;
(8) 环境温度　-10℃～+40℃;
(9) 连续工作时间　>8 h。

三、注意事项

(1) 使用前后均应仔细检查主机板,防止导线、元件等物品落入装置内,致使导致线路短路、元件损坏。
(2) 电源线应放置在机内专用线盒中。
(3) 注意系统的日常维护,经常清理灰尘和杂物。

附录B 键盘与显示系统的使用

一、键盘简介

Dais-CMH$^+$ 实验系统配有一个 4×8 键盘(见图 B.1)和 8 位 LED 显示。键的设置和命名以 Dais 系列接口实验装置的键盘为基础,键盘的管理模式及显示器的显示规则以 TB801B 为基准;光标闪动、一键多用、设置灵活、使用方便。

IR 7	IN 8	OUT 9	UAD A	RAM 存储	PC 计数	ALU 运算	EXEC 运行
R2 4	CN 5	AR 6	PC B	REG 寄存	IN 输入	UA 微址	STOP 宏单
DR2 1	R0 2	R1 3	BUS C	LAST 减址	OUT 输出	RD 读	STEP 单步
DR1 0	RAM F	299B E	ALU D	NEXT 增址	mov 装载	WR 写	MON 返回

图 B.1 键盘示意图

1. 键盘示意图

图 B.1 为键盘示意图。

2. 键盘功能简介

(1) 在 32 个按键中,左边 16 个数字键为 0~F,用于输入地址、数据或机器码。寄存器、暂存器、状态寄存器、PC(程序计数器)地址、微地址等也用数字表示,其名称在数字键右上角,详见表 B.1。

表 B.1 0~F 数字键

名称	DR1	DR2	R0	R1	R2	CN	AR	IR	INT	OUT	UAD	PC	BUS	ALU	299-B	RAM
代号	0	1	2	3	4	5	6	7	8	9	A	B	C	D	E	F

(2) 右边 16 个功能键,其定义及作用分别是:

存储　　进入程序存储器读/写;

寄存　　进入寄存器读/写;

减址　　地址减1(读上一个字节);

增址　　设置工作模式/地址加1(读下一个字节);

计数　　　PC 计数；
输入　　　8 位置数开关缓冲输入；
输出　　　8 位数据锁存输出；
装载　　　微程序装载；
运算　　　运算器缓冲输入；
微址　　　微地址测试；
读　　　　微程序存诸器读/及缓冲输入单元读；
写　　　　BUS 总线锁存输出；
运行　　　全速运行 PC 程序；
宏单　　　执行一条程序指令/暂停；
单步　　　执行一条微指令；
返回　　　退出当前操作返回初始待令状态。

二、键盘控制程序简介

1. 键盘监控工作状态

用户可以通过其 32 个键向本系统发出各种操作命令,大多数键有 2 个以上功能,而没有上下挡键之分,实验系统到底进行什么操作,不仅与按什么键有关,也与当前实验系统所处的工作状态有关。"工作状态"在操作中是一个重要的概念,下面作有关介绍。

2. 初始待令状态

在初始待令状态 8 位 LED 显示器显示内容如图 B.2 所示。其中高 3 位是 Dais-CMH$^+$/CMH 的型号缩写;自左向右第 4 位显示系统当前工作模式;第 5 位为光标闪动位,显示提示符——"P.",表示实验系统处于初始待令状态。

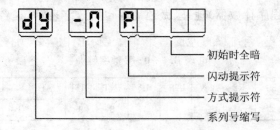

图 B.2　初始待令状态

(1) 建立初始状态的途径：
① 实验系统接通电源后自动进入初始待命状态,光标闪动位显示提示符——"P."。
② 按动位于实验系统右中侧的红色复位按钮,强迫系统退出当前操作无条件地返回初始

待令状态,光标闪动位显示提示符——"P."。

③ 在大多数情况下按【返回】命令键,也可以使本机进入初始待命状态。

(2) 在初始待命状态可以进行的操作:

① 按任一数字键,进入待命状态0,并显示该键入数。

② 按【增址】命令键,设定系统当前的工作模式,自左向右第4位显示的提示符由原"M"变为"L"(手动模式),或由原"L"变为"H"(按键模式),或由原"H"变为"M"(自动式)。

③ 按【连续】命令键,在"L"模式下,启动产生周而复始的时序信号;在"H"或"M"模式下,则从0地址开始以连续方式运行模型机程序。

④ 按【单步】命令键,在"L"模式下,则启动产生一个机器周期的时序信号;在"H"或"M"模式,则从0地址开始运行一条微指令。

⑤ 按【宏单】命令键,在连续运行状态时执行的是暂停功能;在待令状态且当前为"H"或"M"模式执行的是从0地址开始运行一条机器指令。

⑥ 按【存储】、【寄存】、【计数】、【运算】、【微址】等命令键,分别从0地址开始按命令键所定义的目标进入读写操作状态。

⑦ 按【运算】、【输入】、【输出】等命令键,分别按命令键所定义的目标进行读(输入)、写(输出)操作。

3. 待命状态 0

在本状态下,LED显示器自左向右第5、6位显示16进制数0~F,数字之间没有间隔。光标闪动位在显示器第5、6位交替,系统接收用户键入的16进制地址(8位);在初始待命状态按数字键,本机便进入待命状态0。在待命状态0可进入的操作有:

(1) 按【存储】、【寄存】、【计数】、【运算】、【微址】等命令键,系统以自左向右第5、6位显示的内容作为起始地址进入与命令键定义相对应的目标空间的读写操作状态。

(2) 按【单步】、【连续】、【宏单】(暂停)等命令键,系统以自左向右第5、6位显示的内容作为起始地址进入与命令键定义相对应的运行操作。

(3) 按【装载】命令键,系统以自左向右第5位显示的内容作为序号装载与其对应的模机微控制代码程序,装载完毕自动返回初始待命状态。

(4) 按【返回】命令键,系统退出当前操作,返回初始待命状态。

三、键盘监控程序的特点

(1) 一键多用,减少键数,增强功能。

(2) 闪动的光标提示,指出应做什么操作,操作位置在哪里。

(3) 除复位键以外,大多数键有自动连续功能,持续按键1s以上,会产生连续按键的效果,达到快速扫描、检查,简化了操作,节省了时间。

(4) 省零功能,数字后的0可省略,减少了按键次数。

(5) 键盘监控没有换挡键,键的功能取决于实验系统所处的状态。各个键的功能同实验系统状态联系在一起,免去了记忆上、下挡的麻烦。实验系统的状态从显示方式中判断,不会引起混乱。

四、键盘监控程序操作说明

1. 复位命令——RESET 按钮

在任何时刻按复位按钮 RESET,都会迫使实验系统无条件的接受硬件复位,清除模型机及相关单元电路现场,进入初始待命状态,光标闪动位显示提示符——"P."。必须指出这一命令的使用是以清除实验现场为前提的,因此仅当出现下列情况才予以使用:

(1) 对带有 CLR 清零端的部件需要重新进行初始化时;
(2) 在按动【返回】命令键无法终止当前操作返回初始待命状态时;
(3) 显示混乱、键盘失控和系统无法正常使用时。

2. 返回初始待命状态——MON【返回】命令键

按 MON 键,系统自动终止当前操作返回初始待命状态。通常用 MON 键进行以下操作:

(1) 清除已送入显示器的数字;
(2) 退出当前操作,例如退出存储器、寄存器读写状态、单步运行等其他操作状态;
(3) 按 MON 键,不会影响模型机及相关单元电路现场。

3. 设置当前工作模式命令——NEXT【增址】命令键

在初始待命状态,【增址】键执行的是当前工作模式设置命令。本实验装置确定了3种工作模式供使用者选择,其提示符分别为"L"、"H"、"M"。采用环绕法由用户加予确认,每按一次【增址】命令键,自左向右第四位的提示符由原"M"变为"L",或由原"L"变为"H",或由原"H"变为"M",操作时请认准当前闪动的提示符所代表的模式即可,说明如表 B.2 所列。

表 B.2 三种工作模式

特征码	所代表的工作模式
L	手动操作:适用于单元实验
H	自动操作:适用于单元实验及模型机调试
M	动态跟踪操作:适用于模型机动态调试

4. 程序存储器读写命令——【存储】、【增址】、【减址】命令键

这一组命令是用来检查(读出)或更改(写入)程序存储器单元,通过这些命令向实验系统送入机器代码(程序)和数据。

先按 MON 键,使实验系统处于初始待命状态,然后送入2位表示要检查的程序存储器地址,再按【存储】命令键,实验系统便进入存储器读写状态。在程序存储器读写状态,显示器左

边第 5、6 位数字是存储单元的地址,右边 2 位是该单元的内容。光标闪动位表示等待修改(写入)的高 4 位字节或低 4 位字节。

程序存储器读写状态是键盘监控的一种重要状态。这时【增址】命令键具有初始待命状态不同的功能。

请用户注意:程序存储读写状态的明显标志是:显示 8 位数字,光标在第 7 位或第 8 位闪动。

在程序存储器读写状态,使用【减址】或【增址】键,可以读出上一个或下一个存储单元,同时光标自动移动到第 7 位。持续按【减址】或【增址】键在 1 s 以上,实验系统便开始对内存进行向上或向下扫描,依次显示各单元地址及内容,可以快速检查某一内存区的内容,或快速移动到要检查的单元,从而简化了操作。按 MON 键,可使实验系统退出存储器读写状态,返回待命状态。表 B.3 列出了程序存储器读写命令的显示与说明,及操作过程。

表 B.3 程序存储器读写命令

按 键	8 位 LED 显示							说 明
【返回】	D	Y	—	H			P.	返回初始待命状态
0	D	Y	—	H			0	键入数字 0,进入待命状态 0
【存储】	D	Y	—	H	0	0	X X	待命状态 0,按【存储】键进入存储器读写状态,显示 00H 单元内容 XX,第 7 位数字闪动,表示此位可更改
A	D	Y	—	H	0	0	A X	按数字 A,对 00H 高半字节写入,光标移动第 8 位
8	D	Y	—	H	0	0	A 8	按数字 8,对 00H 低半字节写入,光标移动第 7 位
【增址】	D	Y	—	H	0	1	X X	按【增址】键,读出下一单元 01H
12	D	Y	—	H	0	1	1 2	按数字 12,对 01H 单元写入 12H
【减址】	D	Y	—	H	0	0	A 8	按【减址】键,读出上一单元 00H 的内容
【返回】	D	Y	—	H			P.	按【返回】退出存储操作返回初始状态

5. 寄存器读写命令——【寄存】、【增址】、【减址】、【写】命令键

对寄存器等读出,采用 1 位十六进制数作为寄存器代号,如表 B.4 所列。

表 B.4 十六进制数与寄存器代号的对应

名称	DR1	DR2	R0	R1	R2	CN	AR	IR	INT	OUT	UA	PC	BUS	ALU	299B	RAM
代号	0	1	2	3	4	5	6	7	8	9	A	B	C	D	E	F

这里需要说明的是代号为 05 的 CN 单元是由系统定义的特殊状态与控制单元,它的高 2 位系统定义为状态标志位,剩余 6 位为运算与移位的控制位。每位的含义如表 B.5 所列。

表 B.5 运算与移位的控制位

位	7	6	5	4	3	2	1	0
定义	CY	Z	CN	M	S0	S1	S2	S3

因此 CN 单元的高 2 位是只读位,剩余 2 位为写入位,使用时应予以注意。

寄存器读写状态的标志是:显示器上显示 7 位数字,其中第 5 位数字代表寄存器的代号,第 6 位不显示,右边的 2 位数字表示该寄存器的内容。光标处于显示器的第 7、8 位。若要对寄存器的内容进行改写,可键入所需的数字键,然后按【写】命令键,光标所处的数字即被打入以显示代号所对应的目标单元;按【增址】或【减址】键,可查看或改写下一或上一单元寄存器(按代号顺序排列)的内容,若持续按【增址】或【减址】键在 1 s 以上可实现快速查找。

按【返回】命令键,实验系统退出寄存器读写状态,返回初始待命状态。下面举例说明操作过程(注意:以完成实验所需的全部连线为前提)。寄存器读写命令的显示与说明如表 B.6 所列。表中所列也是寄存器读写状态的操作过程。

表 B.6 寄存器读写命令

按 键	8 位 LED 显示						说 明
【返回】	D	Y	−	H	P.			返回初始待命状态
0	D	Y		H	0			要检查 DR1 寄存器,数字键 0 是它的代号
【寄存】	D	Y		H	0	X	X	按【寄存】键立即显示 DR1 的内容,进入寄存器读写状态
12	D	Y	−	H	0	1	2	按数字键,光标移动,更改 DR1 的内容
【写】	D	Y		H	0	1	2	按【写】命令键,把 12 打入 DR1
【增址】	D	Y		H	1	X	X	按【增址】键,自动读出下一个寄存器 DR2,它的代号是 1,光标自动移至第 7 位
【减址】	D	Y		H	0	1	2	读出上一单元(0 代号 DR1 的内容)
【返回】	D	Y		H	P.			按【返回】退出存储操作返回初始状态

6. 微程序存储器读写命令——【读】、【增址】、【减址】命令键

微程序存储器读写的状态标志是:显示器上显示 8 个数字,左边 2、3 位显示区域号(区域的分配见表 B.7),左边 5、6 位数字是微存储单元地址。硬件定义的微地址线是 UA0~UA5 共 6 根,因此它的可寻址范围为 00H~3FH;右边 2 位数字是该单元的内容,光标在第 7 位与第 8 位之间,表示等待修改单元内容。

附录　实验系统硬件使用及资料查阅

表 B.7　区域的分配

区域号	微程序区对应位空间	对应位控制功能						
0	32 ········· 25	C	B	A	AR	NC	NC	A9	A8
1	24 ········· 17	CE	AD	CN	M	S0	S1	S2	S3
2	16 ········· 9	P2	DR	PC	IR	DD2	DD1	DR0	WE
3	8 ········· 1	U0	U1	U2	U3	U4	U5	P1	SW

用【读】命令键可以对微程序存储器进行检查（读出）或更改（写入）。对微程序存储器读写，一般应先按 MON，使实验系统进入初始待命状态。然后输入所要访问的微程序区域地址，再按【读】命令键，系统便以该区域的 00H 作为起始地址，进入微程序存储器读写状态。

表 B.8 列举了微程序存储器读写命令的操作过程。

表 B.8　微程序存储器读写命令

按　键	8 位 LED 显示								说　明
【返回】	D	Y	—	H	P			.	返回初始待命状态
【读】	D	Y	—	H	P			.	初始待命状态，按【读】键无效
0	D	Y	—	H				0	按数字键 0，进入待命状态 0
【读】	C	M	0	0	0	0	X	X	按【读】命令键，进入微程序读状态，左边第 3 位起显示 0 0 0 0 X X，光标闪动移至第 7 位
12	C	M	0	0	0	0	1	2	按 12 键，将内容写入 0 区域 00H 单元
【增址】	C	M	0	0	0	1	X	X	按【增址】命令键，读出 0 区域下一个单元 01H 的内容，光标重新移至第 7 位
【返回】	D	Y	—	H	P			.	返回初始待命状态

7. 执行命令——【单步】、【宏单】（暂停）、【运行】命令键

系统在单步、宏单步或运行状态下按 STOP（暂停）命令后所定义的显示格式是：最左边高 2 位显示下一条微地址；左边 3、4 位显示 PC 指针；左边 5、6 位显示 RAM 地址；最右边 2 位显示模型机当前总线（BUS）内容，图 B.3 是 STOP 命令后的显示格式。

若实验时想通过 8 位显示器观察其他控制信号运行后的状态，只需用双头实验连接线把所要跟踪的控制信号（位于实验系统左中下方）与显示器所对应的逻辑测试通道相连；系统自动将该 2 位显示器的刷新权限交给使用者定义。本装置的 USC 逻辑测试通道位于仪器中间偏左位置，与 8 位 LED 显示器的对应关系如图 B.4 所示。

👉 为了示范逻辑测试通道与显示器之间对应的显示关系，系统在定义了模型机计数器指针显示位置的同时，建议实验操作者用双头实验连线把 PC－B 与逻辑测试通道 1 作对应连接；

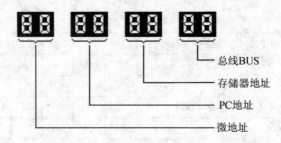

图 B.3　STOP(暂停)命令后的显示格式

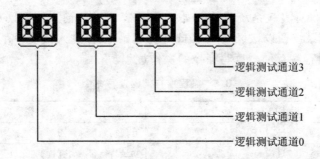

图 B.4　USC 逻辑测试通道与 8 位 LED 显示器的对应关系

然后再进入模型机的执行操作,参照以下的执行流程程序试比较程序计数器指针与 PC-BUS 再执行过程中的异步概率。试问什么类型机器指令的执行会产生异步?其原理是什么?

举例说明执行状态下,单步(单步一条微指令)、宏单步(单步一条机器指令)、运行及暂停等命令的操作规程。需要说明的是本例操作所需的若干排线连接是以完成本装置所例举的单元实验为基础的。也就是说,全部单元实验获得通过后才能进入以下操作。

(1) 模型机程序的编辑　按动位于实验系统右侧的红色复位按钮,强迫系统退出当前操作无条件地返回初始待令状态,光标闪动位显示提示符——"P."。

按表 B.9 所列模机程序编辑的按键命令实现模型机程序的编辑。

表 B.9　模型机程序编辑的按键命令表

按　键	8 位 LED 显示							说　明
【增址】	D	Y	—	H	P.	—	—	—	设置工作模式使第 4 位显示提示符"H"
0	D	Y	—	H	0	—	—	—	在闪动的"P"下 键入数字 0,进入待命状态 0
存储	D	Y	—	H	0	0	X	X	在待命状态 0,按【存储】键进入存储器读写状态,显示 00H 单元内容 XX,第 7 位数字闪动,表 示此位可更改
20	D	Y	—	H	0	0	2	0	按数字 20,对 00H 单元写入 20H
【增址】	D	Y	—	H	0	1	X	X	按【增址】键,读出下一单元 01H

续表 B.9

按 键	8 位 LED 显示							说 明
40	D	Y	—	H	0	1	4	0	按数字 40,对 01H 单元写入 40H
【增址】	D	Y	—	H	0	2	X	X	按【增址】键,读出下一单元 02H
09	D	Y	—	H	0	2	0	9	按数字 09,对 02H 单元写入 09H
【增址】	D	Y	—	H	0	3	X	X	按【增址】键,读出下一单元 03H
60	D	Y	—	H	0	3	6	0	按数字 60,对 03H 单元写入 60H
【增址】	D	Y	—	H	0	4	X	X	按【增址】键,读出下一单元 04H
0B	D	Y	—	H	0	4	0	B	按数字 0B,对 04H 单元写入 0BH
【增址】	D	Y	—	H	0	5	X	X	按【增址】键,读出下一单元 05H
80	D	Y	—	H	0	5	8	0	按数字 80,对 05H 单元写入 80H
【增址】	D	Y	—	H	0	6	X	X	按【增址】键,读出下一单元 06H
0A	D	Y	—	H	0	6	0	A	按数字 0A,对 06H 单元写入 0AH
【增址】	D	Y	—	H	0	7	X	X	按【增址】键,读出下一单元 07H
A0	D	Y	—	H	0	7	A	0	按数字 A0,对 07H 单元写入 A0H
【增址】	D	Y	—	H	0	8	X	X	按【增址】键,读出下一单元 08H
00	D	Y	—	H	0	8	0	0	按数字 00,对 08H 单元写入 00H
【增址】	D	Y	—	H	0	9	X	X	按【增址】键,读出下一单元 09H
55	D	Y	—	H	0	9	5	5	按数字 55,对 09H 单元写入 55H
【增址】	D	Y	—	H	0	A	X	X	按【增址】键,读出下一单元 0AH
AA	D	Y	—	H	0	A	A	A	按数字 AA,对 0AH 单元写入 0AAH
【增址】	D	Y	—	H	P.	—	—	—	按【返回】退出存储操作返回初始状态

(2) 模型机微控制程序的装载 按表 B.10 所列按键命令,完成对模型机微控制程序的装载。

表 B.10 模型机微控制程序装载的按键命令表

按 键	8 位 LED 显示					说 明
【返回】	D	Y	—	H	P.	返回初始待命状态
1	D	Y	—	H	1	键入"基本模型机"的代号数字键 1
【装载】	D	Y	—	H	P.	按【装载】命令键进行自动装载,完成后返回"P."
2	D	Y	—	H	2	键入"移位模型机"的代号数字键 2
【装载】	D	Y	—	H	P.	按【装载】命令键进行自动装载,完成后返回"P."

(3) 模型机程序的执行

① 把位于装置左下方的"8 位置数开关"设定为 8AH,并用两芯排线连接 SW-B 与 SW-G。

② 注释中字符串含义:UA=微地址,PC=程序指针,addr=RAM 地址,BUS=总线。

表 B.11 列出了模型机程序执行的按键命令表。按附表中所列按键命令,实现模型机程序的执行。

表 B.11 模型机程序执行的按键命令表

按 键	8 位 LED 显示								说 明
—	D	Y	—	H	P.	—	—	—	初始待命状态
0	D	Y	—	H	0	—	—	—	键入数字 0,指向模型机 PC 程序首址
【单步】	0	2	0	1	0	0	0	1	单步运行一条微控制指令,UA=02H、PC=01H
【单步】	0	9	0	1	0	0	2	0	UA=09H,PC=01H,addr=00H、BUS=20H
【单步】	0	1	0	1	0	0	8	A	UA=01H,PC=01H,addr=00H、BUS=8AH
【单步】	0	2	0	2	0	1	0	2	UA=02H,PC=02H,addr=01H、BUS=02H
【单步】	0	A	0	2	0	1	4	0	UA=0AH,PC=02H,addr=01H、BUS=40H
【单步】	0	3	0	3	0	2	0	3	UA=03H,PC=03H,addr=02H、BUS=03H
【单步】	0	4	0	3	0	9	5	5	UA=04H,PC=03H,addr=09H、BUS=55H
【单步】	0	5	0	3	0	9	5	5	UA=05H,PC=03H,addr=09H、BUS=55H
【单步】	0	6	0	3	0	9	8	A	UA=06H,PC=03H,addr=09H、BUS=8AH
【单步】	0	1	0	3	0	9	D	F	UA=01H,PC=03H,addr=09H、BUS=0DFH
【单步】	0	2	0	4	0	3	0	4	UA=02H,PC=04H,addr=03H、BUS=04H
【单步】	0	B	0	4	0	3	6	0	UA=0BH,PC=04H,addr=03H、BUS=60H
【单步】	0	7	0	5	0	4	0	5	UA=07H,PC=05H,addr=04H、BUS=05H
【单步】	1	6	0	5	0	B	X	X	UA=16H,PC=05H,addr=0BH、BUS=XXH
【单步】	0	1	0	5	0	B	D	F	UA=01H,PC=05H,addr=0BH、BUS=0DFH
【单步】	0	2	0	6	0	5	0	6	UA=02H,PC=06H,addr=05H、BUS=06H
【单步】	0	C	0	6	0	5	8	0	UA=0CH,PC=06H,addr=05H、BUS=80H
【单步】	1	3	0	7	0	6	0	7	UA=13H,PC=07H,addr=06H、BUS=07H
【单步】	1	4	0	7	0	A	A	A	UA=14H,PC=07H,addr=0AH、BUS=0AAH
【单步】	0	1	0	7	0	A	A	A	UA=01H,PC=07H,addr=0AH、BUS=0AAH
【单步】	0	2	0	8	0	7	0	8	UA=02H,PC=08H,addr=07H、BUS=08H
【单步】	0	D	0	8	0	7	A	0	UA=0DH,PC=08H,addr=07H、BUS=0A0H
【单步】	1	5	0	9	0	8	0	9	UA=15H,PC=09H,addr=08H、BUS=09H
【单步】	0	1	0	9	0	8	0	0	UA=01H,PC=09H,addr=08H、BUS=00H
【宏单】	0	1	0	1	0	1	8	A	运行一条机器指令、PC=01H

续表 B.11

按键	8位LED显示								说明
【宏单】	0	1	0	3	0	9	D	F	UA=01H,PC=03H,addr=09H,BUS=0dfH
【宏单】	0	1	0	5	0	B	D	F	UA=01H,PC=05H,addr=0BH,BUS=0DFH
【宏单】	0	1	0	7	0	A	A	A	UA=01H,PC=07H,addr=0AH,BUS=0AAH
【宏单】	0	1	0	0	0	1	8	A	UA=11H,PC=00H,addr=01H,BUS=8AH
【运行】	X	X	X	X	X	X	X	X	以连续方式运行,动态显示模型机现场
等待	X	X	X	X	X	X	X	X	以连续方式运行,动态显示模型机现场
【宏单】	X	X	X	X	X	X	X	X	按【宏单】命令键暂停运行,显示下一条微指令
【运行】	X	X	X	X	X	X	X	X	从暂停位置起以连续方式继续运行模型机程序
等待	X	X	X	X	X	X	X	X	以连续方式运行,动态显示模型机现场
【宏单】	X	X	X	X	X	X	X	X	按【宏单】命令键暂停运行,显示下一条微指令
【返回】	D	Y	−	H	P.				按【返回】键退出当前操作,返回初始待命状态

8. 检查测试命令——【计数】、【微址】、【运算】、【输入】、【输出】

(1) PC计数器读命令 表B.12列出了PC计数器读命令,按动表中按键,8位LED显示器显示相应状态。

表 B.12 PC 计数器读命令

按键	8位LED显示								说明
【返回】	D	Y	−	H	P.				返回初始待命状态
【计数】	D	Y	−	H	P	C	0	0	初始状态值以按【计数】命令从零开始
【增址】	D	Y	−	H	P	C	0	1	按【增址】命令键PC加1
【减址】	D	Y	−	H	P	C	0	1	按【减址】命令键无效
【返回】	D	Y	−	H	P				返回"H"方式下闪动的"P."待命状态
20	D	Y	−	H	2	0			按数字键20
【计数】	D	Y	−	H	P	C	2	0	从20H开始计数
【增址】	D	Y	−	H	P	C	2	1	按【增址】命令键PC加1
【返回】	D	Y	−	H	P				返回初始待命状态

(2) 运算器读命令 表B.13列出了运算器读命令,按动表中按键,8位LED显示器显示相应状态。

表 B.13 运算器读命令

按 键	8 位 LED 显示						说 明
【返回】	D	Y	—	H			P.	返回初始待命状态
0	D	Y	—	H	0			输入 DR1 代号"0"
【寄存】	D	Y	—	H	0	X	X	按【寄存】命令键
01	D	Y	—	H	0	0	1	输入数字 01
【写】	D	Y	—	H	0	0	1	按【写】命令键把 01 打入 DR1
【增址】	D	Y	—	H	1	X	X	按【增址】键指向 DR2 代号为"1"
10	D	Y	—	H	1	1	0	输入数字 10
【写】	D	Y	—	H	1	1	0	按【写】命令键把 10 打入 DR2
【返回】	D	Y	—	H			P.	返回初始待命状态
5	D	Y	—	H	5			输入 CN 代号"5"
【寄存】	D	Y	—	H	5	X	X	按【寄存】命令键
28	D	Y	—	H	5	2	8	输入加法控制字 28
【写】	D	Y	—	H	5	2	8	按【写】命令键把 28 打入 CN
【返回】	D	Y	—	H			P.	返回闪动的"H"待令状态
【运算】	D	Y	—	H	A	U	1	1	按【运算】命令键,其结果是:DR1+DR2=01+10=11H
【返回】	D	Y	—	H			P.	返回初始待命状态

(3) 微地址读命令 表 B.14 列出了微地址读命令,按动表中按键,8 位 LED 显示器显示相应状态。

表 B.14 微地址读命令

按 键	8 位 LED 显示							说 明
【返回】	D	Y	—	H			P.	返回初始待命状态
【微址】	D	Y	—	H	U	A	0	0	初始状态按【微址】命令键从 0 开始
【增址】	D	Y	—	H	U	A	0	1	按【增址】命令键微址加 1
【减址】	D	Y	—	H	U	A	0	0	按【减址】命令键微址减 1
【返回】	D	Y	—	H	H				返回"H"方式下闪动的"P."待令状态
18	D	Y	—	H	U	A	1	8	从 18H 开始计数
增址	D	Y	—	H	U	A	1	9	按【增址】命令键微址加 1
【返回】	D	Y	—	H			P.	返回初始待命状态

(4) 输入接口读(缓冲)命令　表 B.15 所列为输入按(缓冲)命令,按动表中按键,8 位 LED 显示器显示相应状态。

表 B.15　输入接口读(缓冲)命令

按　键	8 位 LED 显示						说　明
【返回】	D	Y	—	H	P.		返回初始待命状态
							左下角缓冲输入单元二进制开关置为 01010101
【输入】	D	Y	—	H	5	5	按【输入】键读出应是 55H
	D	Y	—	H	5	5	左下角缓冲输入单元二进制开关置为 10101010
【读】	D	Y	—	H	A	A	按【读】键读出应是 0AAH
	D	Y	—	H	A	A	左下角缓冲输入单元二进制开关置为 10000001
【读】	D	Y	—	H	8	1	按【读】键读出应是 81H
【返回】	D	Y	—	H	P.		返回初始待命状态

(5) 输出接口写(锁存)命令　表 B.16 所列为输出按写(锁存)命令,按动表中按键,8 位 LED 显示器显示相应状态。

表 B.16　输出接口写(锁存)命令

按　键	8 位 LED 显示						说　明
【返回】	D	Y	—	H	P.		返回初始待命状态
55	D	Y	—	H	5	5	输入数字 55H
【输出】	D	Y	—	H		5	5	按键盘左下方的【输出】键
AA	D	Y	—	H	A	A	输入数字 0AAH
【写】	D	Y	—	H		A	A	按键盘左下方的【写】键
81	D	Y	—	H	8	1	输入数字 81H
【写】	D	Y	—	H		8	1	按键盘左下方的【写】键
【返回】	D	Y	—	H	P.		返回初始待命状态

附录 C　集成实验环境的使用

一、软件安装

1. 安装环境

本节介绍如何安装 Dais-CMH⁺ 计算机组成原理集成实验环境。事先请确认您的计算机已安装 Microsoft Windows 9x/Me/NT/2000/XP 操作系统。

2．Dais-CMH$^+$ 集成实验环境的安装

Dais-CMH$^+$ 集成实验环境在随机配套的光盘上，运行 Setup．exe 程序选择安装"计算机组成原理"软件，安装程序即开始准备安装向导，如图 C.1 所示。

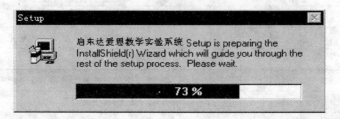

图 C.1 Setup 安装向导

（1）安装向导就绪，出现 Welcome 对话框（见图 C.2），提示您安装使用注意事项。如果没有问题，可单击"Next"继续。

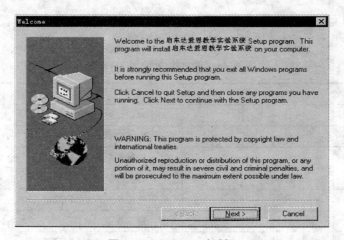

图 C.2 Welcome 对话框

（2）随即出现 User Information 用户信息对话框、Choose Destination Location 选择目标文件夹对话框（默认的目标文件夹为 C:\Dais，也可单击"Browse…"按钮选择其他文件夹）、Select Program Folder 选择程序组对话框，（见图 C.3 对话框）。如果都没有问题，可直接单击"Next"按钮。一切设置完毕后，安装程序即开始把文件复制到用户的计算机上。

（3）安装完成后，出现图 C.4 所示 Setup Complete 对话框，提示用户是否立即运行已安装的程序。如果想立即运行，可在复选框内打"√"后单击"Finish"按钮；否则直接单击"Finish"，结束安装程序。

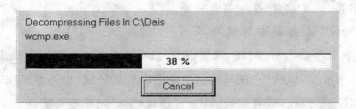

图 C.3 选择对话框

图 C.4 Setup Complete 对话框

(4) 至此软件安装完成,系统已建立 Dais – CMH$^+$ 的图标,如图 C.5 所示。

3. Windows 操作系统的使用

Dais – CMH$^+$ for Windows 是 32 位 Windows 应用程序,安装在 Windows 9x/Me/NT/2000/XP 或更高版本的 Windows 操作系统上使用。如果用户对使用 Windows 的菜单、对话框、滚动条或编辑框有疑问,可参考 Microsoft Windows 操作系统的用户手册。

Dais计算机组成原理

图 C.5 Dais – CMH$^+$ 图标

二、使用入门

1. 概 述

(1) 如何启动 Dais – CMH$^+$ 集成开发环境。
(2) 如何通过集成开发环境与计算机联机。

(3) 如何使用 Dais-CMH⁺ 集成开发环境。

2. Dais-CMH⁺ 的启动和退出

启动:一旦正确安装 Dais-CMH⁺ 系统,用户只需双击其图标即可启动集成开发环境。

退出:Dais-CMH⁺ 可以从"文件/退出"命令退出集成环境,也可单击主窗口右上角的 ✖ 按钮,或单击工具栏 [退出] 按钮,或直接按 Alt+X 快捷键,退出集成环境。

3. Dais-CMH⁺ 设置

图 C.6 为 Dais-CMH⁺ 参数设置对话框框。该对话框包含了仪器的型号及编码、通信波特率及端口、工作方式等选项。

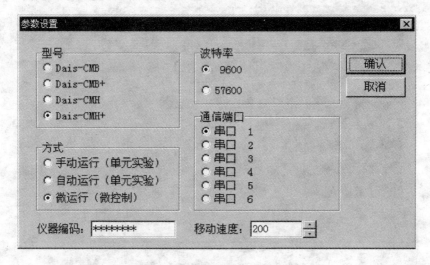

图 C.6 Dais-CMH⁺ 参数设置对话框

4. 计算机与实验仪联机

出现通信错误时系统将弹出,如图 C.7 所示的信息框(单击"Yes"重试,单击"No"放弃):

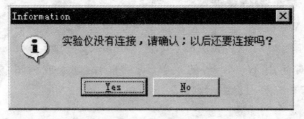

图 C.7 信息对话框

通信出错主要有以下几个原因:
(1) 实验仪与计算机没有连接或连接口接触不良;

(2) 实验仪的电源没有打开;
(3) 软件设置的串行口与实验仪实际连接的串行口不一致;
(4) 输入的仪器编码与厂方授权的不一致;
(5) 使用了非随机提供的串行通信电缆。

在工具栏上有一个"连接"快捷按钮。该快捷按钮的作用是连接计算机与实验仪,当通信成功时,该按钮自动屏蔽(变为灰色)。从该按钮的状态可判断通信是否成功(见图 C.8)。

图 C.8 通信成功与否状态

5. 集成开发环境

Dais – CMH⁺ 调试平台上的主要部件:

(1) 调试窗口 图 C.9 所示为 Dain – CMH⁺ 调试平台上的调试窗口。根据窗口中的选择可得不同的指令。

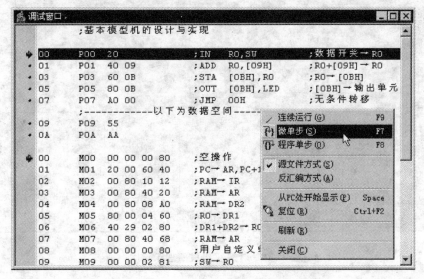

图 C.9 Dais – CMH⁺ 调试窗口

(2) 模型机示意图 图 C.10 所示为计算机组成原理示意图。

(3) 示波器 图 C.11 所示为逻辑示波器。从图中可以看出微地址、总线数据各通道的波形图。

(4) Dais – CMH⁺ 允许同时开启多个窗口。这些窗口可以移动;可以改变大小或激活。激活后的窗口被带到前台,让用户进行各类操作。用户可直接单击以激活窗口和从窗口菜单中选择所需窗口,如图 C.12 所示。

① 直接单击该窗口。

② 从窗口菜单选择所需窗口(窗口菜单将列出已打开的窗口,用户可以直接选择)。

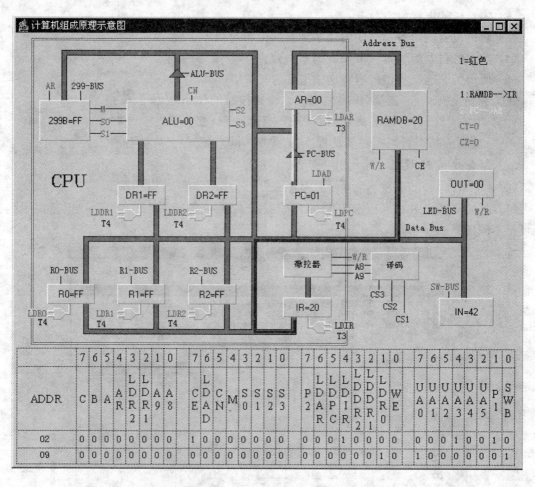

图 C.10 计算机组成原理示意图

要使所有的窗口同时可见,可用鼠标调整每个窗口的大小,直至所有窗口都出现在 Dais-CMH+ 调试平台上,或者使用"窗口/平铺"命令。

要获得更多关于移动和调整窗口大小的信息,可查阅《User's Guide for the Microsoft Windows Operating System》手册。

6. 工具栏与提示框

(1) 工具栏　工具栏(Toolbar)包含了最常用的 Dais-CMH+ 命令。用户只需将鼠标指向欲执行命令的图标并单击即可方便地使用它们。

(2) 提示框　若将鼠标指向并停留在工具栏某一按钮上,则该按钮下方会出现一个,如图 C.13 所示的提示框(Tip Box),告诉从提示框中可知该按钮的功能。

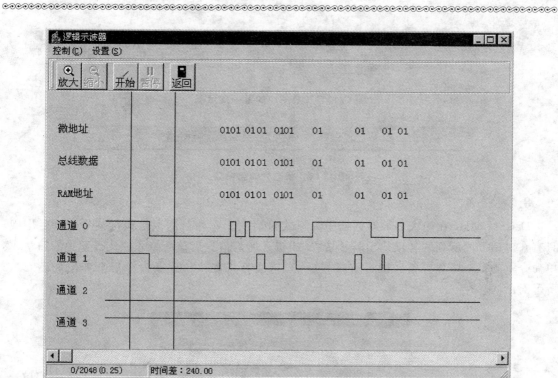

图 C.11 示波器内各参数及波形图

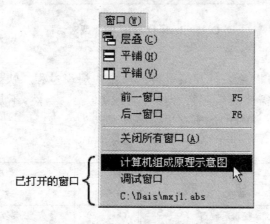

图 C.12 从菜单窗口中选择所需窗口

7. 状态栏

位于 Dais - CMH$^+$ 屏幕底部的状态栏(Status Bar)显示调试窗口中正在执行的命令或编辑窗口状态等信息,如图 C.14 所示。

· 164 · 计算机组成原理实验教程

图 C.13 工具栏中的某一提示框

| 行：16，列：8 | 已修改 | 等待状态 | 单步运行微指令 |

图 C.14 状态栏信息窗口

8. 对话框

Dais-CMH⁺ 在绝大多数对话框中为模式对话框。这种对话框在执行某一命令后出现，只有在对话框内所列的各项作出若干选择，或键入所需信息后该命令才能执行下去。通常，菜单命令中的某一些菜单项后跟有省略号（…），这便意味着执行这条命令后会弹出如图 C.15 所示对话框。

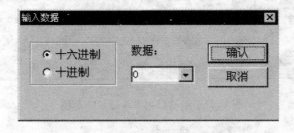

图 C.15 Dais-CMH⁺ 的典型对话框

9. 快捷键

按快捷键执行命令可以免去打开菜单再选命令的烦琐过程。快捷键列在菜单命令的右边。例如，在调试过程中需要连续运行程序可以按 F9 键。当然，不是每一条命令都有快捷键。表 C.1 列出了 Dais-CMH⁺ 的所有快捷键及其定义。

表 C.1 快捷键及其定义

键 名	功 能	键 名	功 能
Esc	暂停运行	Ctrl+F2	系统复位
F4	逻辑示波器	Ctrl+F9	装载微程序
F5	激活前一窗口	Ctrl+N	建立新文件
F6	激活后一窗口	Ctrl+O	打开文件

续表 C.1

键 名	功 能	键 名	功 能
F7	单步运行微指令	Alt+X	退出
F8	单步运行一条指令	Space	从 PC 处开始显示
F9	连续运行		

10. 快捷菜单

快捷菜单也称局部菜单(Local Menu)或右键菜单(见图 C.16)。当激活某一窗口,无论是编辑窗口、调试窗口、寄存器窗口还是其他窗口,用户都可以按鼠标右键以显示当前窗口的最典型的命令。要关闭快捷菜单,只需在窗口其他部分单击鼠标,或者按 Esc 键。

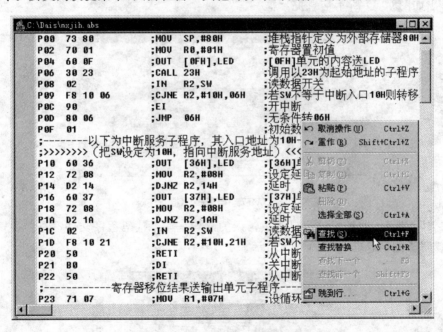

图 C.16 编辑窗口的快捷菜单

注意:本手册中将鼠标的左键设定为确认键。除非特别指出右键,否则所有鼠标操作都使用左键。

三、程序的装载与运行

1. 源代码的建立和打开

(1) 建立新文件 执行"文件"→"新文件"菜单命令或单击工具栏按钮即出现一个源

文件编辑窗口,可以在编辑窗口中输入程序代码及与其对应的微控制代码,其编辑格式可参阅基本模型机实验。完成后用"文件"→"存储"命令将文件存到磁盘上。如果源文件是新建立的,Dais-CMH$^+$系统则会弹出文件列表框,并要求用户输入要保存的文件名,再单击"保存"即可。

(2) 打开一个文件　执行"文件"→"打开文件"菜单命令或单击工具栏按钮即出现打开文件列表框。用户可用鼠标直接单击显示在列表框内的文件名,也可在输入框内直接输入,再单击"打开"按钮,屏幕即出现一个文件编辑窗口,显示用户选取的文件内容。

(3) 装载代码程序文件　当用户已经建立或打开了的一个代码文件,就可以使用"代码文件连接、装载"命令,或单击工具栏按钮即可对当前窗口编辑文件进行连接;如果文件存在错误,即弹出如图 C.17 所示信息提示框。

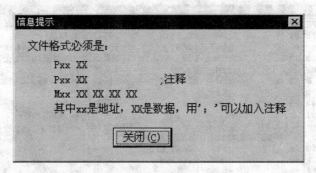

图 C.17　信息提示框

单击"关闭"按钮,回到编辑窗口改正错误的语句。如果代码程序文件没有错误,则显示代码文件装载完毕的信息框,如图 C.18 所示。

图 C.18　文件装载完毕框

2. 程序的运行、暂停与复位

(1) 连续运行　在程序调试窗口下选择"调试"→"连续运行"菜单命令或单击工具栏上的命令按钮便开始连续运行。使用下列任何一种方法便可以连续运行目标微指令:
● 执行"调试"→"连续运行"菜单命令;
● 单击工具栏"运行"按钮;

● 按 F9 快捷键。

(2) ▣ **单步运行微指令** 单步运行一条目标微指令。使用下列任何一种方法便可以单步运行目标微指令：
● 执行"调试"→"微单步"菜单命令；
● 单击工具栏"微单步"按钮；
● 按 F7 快捷键。

(3) ▣ **单步运行一条指令** 单步运行一条目标机器指令。使用下列任何一种方法便可单步运行目标机器指令：
● 执行"调试"→"程序单步"菜单命令；
● 单击工具栏"程单步"按钮；
● 按 F8 快捷键。

(4) ▣ **暂停运行** 当程序正在以连续方式或自动微单步/自动程序单步方式运行时，可用此命令使正在运行的程序停下。使用下列任何一种方法便可以暂停运行：
● 执行"调试"→"暂停"菜单命令；
● 单击工具栏"暂停"按钮；
● 按 Esc 快捷键。

(5) ▣ **程序复位** 在任何情况下用此命令可对系统进行复位，使实验仪无条件进入初始状态。使用下列任何一种方法便可对程序进行复位：
● 执行"调试"→"复位"菜单命令；
● 单击工具栏"复位"按钮；
● 按 Ctrl+F2 快捷键。

四、菜单命令

1. 概 述

本节全面介绍 Dais-CMH$^+$ 集成环境的菜单及其命令，详细说明每一命令的操作。

2. 菜单及其命令

(1) 文件菜单 文件菜单包括以下菜单。

▣ 新文件：Ctrl+N。功能：建立一个新的源文件。

▣ 打开文件：Ctrl+O。功能：弹出对话框，选取列表中的文件或在输入框中输入文件名，单击"打开"按钮，文件编辑窗口即显示该文件内容。

关闭：关闭当前的活动窗口。

■存储:将当前编辑窗口中的文件存到磁盘上。
　　另存为:将当前编辑窗口中的文件换成另一个文件名再存盘。
　　保存代表、微代码区:将当前程序空间及微程序空间的代码保存为.ABS代码文件。
　　■退出:Alt+X。功能:执行该命令可退出 Dais-CMH$^+$ 集成实验环境。
　　(2)编辑菜单　编辑菜单由以下菜单组成。
　　注意:编辑菜单为 Dais-CMH+ 的动态菜单,当激活不同的窗口时该菜单命令也随之变化;关闭所有窗口后该菜单也自动关闭。我们特别建议您使用 Dais-CMH+ 集成开发环境的快捷菜单来操作。现以代码文件编辑窗口为例向您说明该菜单(假设已激活源文件编辑窗口)。
　　■取消操作:Ctrl+Z。功能:使用该命令能恢复文件编辑中最后一次所做的修改。
　　■剪切:Ctrl+X,Shift+Delete。功能:清除编辑窗口中选定的文本,并放置在剪贴板上。只有在选定文本后,这一命令才有效。放置在剪贴板上的文本始终保留在那里,直到用新内容替换掉它们。
　　■复制:Ctrl+C,Ctrl+Insert。功能:使用该命令可以将选定的文本复制到剪贴板上。只有在选定文本后,这一命令才有效。复制到剪贴板上的文本将替换掉先前的内容。
　　■粘贴:Ctrl+V,Shift+Insert。功能:使用该命令可以将剪贴板内容插入到当前编辑窗口的光标位置。如果在编辑窗口中已选定内容,使用该命令可将剪贴板上的内容替换掉选定的内容。如果剪贴板上无内容,这一命令将是无效的。
　　■查找:Ctrl+F。功能:使用该命令可以在当前编辑窗口中查找文本字符串,如图 C.19 所示。

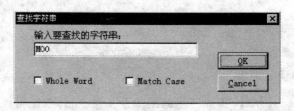

图 C.19　查找字符串

　　该命令包含两个参数,可供选择使用:
　　Whole Word　　整字匹配;
　　Match Case　　区分大小写。
　　查找下一个:Ctrl+L。功能:使用该命令可以继续查找在"查找"命令中指定的文本。
　　■跳到行:Ctrl+G。功能:使用该命令可以跳到编辑窗口中指定的行。

字体:对编辑窗口中的文本进行字体、字号和颜色等的设置。

刷新:重新显示当前编辑窗口。

(3) 编译菜单　编译菜单如下所述。

▮ 编译、装载:Ctrl+F9。功能:把当前编辑窗口代码文件装载到实验系统。

(4) 调试菜单　调试菜单如下所述。

▮ 连续运行:F9。功能:以连续方式运行程序。

▮ 微单步:F7。功能:单步运行微指令。

▮ 程序单步:F8。功能:单步运行程序指令。

自动微单步:以自动连续的方式单步运行微指令。

自动程序单步:以自动连续的方式单步运行程序指令。

▮ 复位:Ctrl+F2。功能:对系统进行复位。

▮ 暂停:Esc。功能:暂停正在连续运行或自动微单步、自动程序单步方式运行的程序。

诊断测试:显示实验所需连接的导线并自动检测其连接的正确性。

(5) 设置菜单　设置菜单由如下组成。

参数设置:显示参数设置对话框,可进行系统工作方式及其环境参数的设置。

等待延迟:等待数据流方向显示完后,再执行下一步。该选项适用于"自动微单步"命令。

显示第二步执行路径:在单步运行微指令时,在示意图窗口上同时显示当前数据流方向与上一步的数据流方向。

▮ 重新连接:通信失败、检查硬件连接或重新选择通信端口后,该命令可重新进行通信测试。

(6) 视图菜单　视图菜单由以下子菜单组成。

调试:打开或激活调试窗口。

示意图:打开或激活计算机组成原理示意图窗口。

寄存器:打开或激活寄存器窗口。

代码空间:打开或激活代码空间窗口。

微代码空间:打开或激活微代码空间窗口。

▮ 逻辑示波器:F4。功能:打开逻辑示波器窗口。

(7) 窗口菜单　窗口菜单由以下子菜单组成。

▮ 层叠:层叠排列已打开的窗口。

▮ 水平平铺:横向排列已打开的窗口。

▢ 垂直平铺:纵向排列已打开的窗口。
前一窗口:F5。功能:按索引激活当前活动窗口的前一窗口。
后一窗口:F6。功能:按索引激活当前活动窗口的后一窗口。
关闭所有窗口:关闭所有已打开的窗口。
(8) 帮助菜单　帮助菜单内容如下。
操作手册:显示 Dais 计算机组成原理实验系统的键盘操作及集成实验环境的使用方法。
使用指南:显示 Dais 计算机组成原理实验系统的实验内容。
关于 Dais:显示 Dais 计算机组成原理集成实验环境的版本。

附录 D　实验装置系统布局图

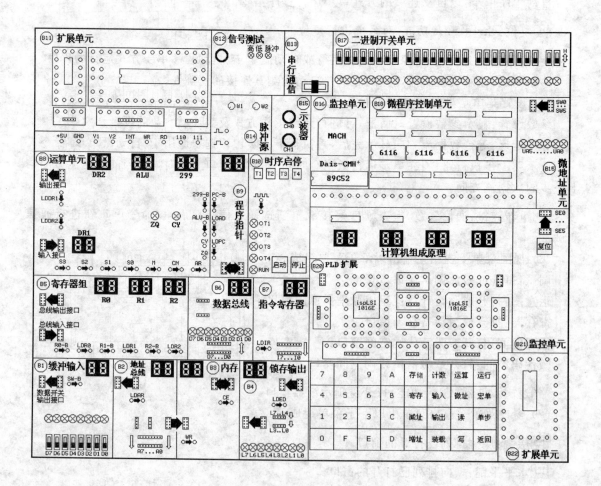

附录E 常用实验芯片引脚图及相关功能表

1. 74LS00

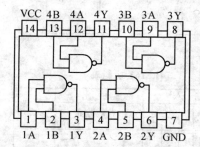

2. 74LS02

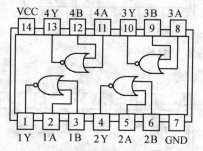

3. 74LS04

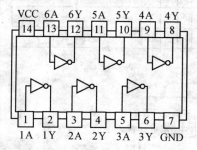

4. 74LS08

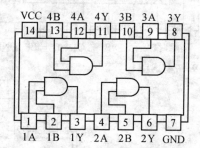

5. 74LS20

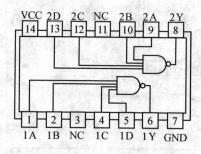

6. 74LS32

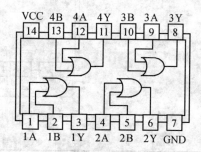

7. 74LS74

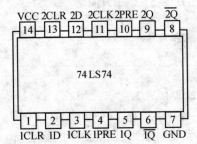

74LS74 功能表

PR	CLR	CLK	D	Q	$\overline{Q}$
0	1	X	X	1	0
1	0	X	X	0	1
0	1	X	X	1*	1*
1	1	↑	1	1	0
1	1	↑	1	0	1
1	1	0	X	Q_0	$\overline{Q_0}$

8. 74LS161

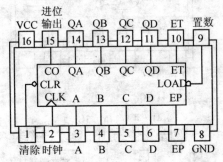

74LS161 功能表

输入				输出					工作
清除	置数	时钟	使能 EP ET	QA	QB	QC	QD	进位输出	
H	H		H H	—				—	计数
H	L	↑	X X	A	B	C	D	—	数据预置
⊥	X	X	X X	L	L	L	L	—	清除
H	X	X	H H H H	H	H	H	H	⊓	—

9. 74LS181

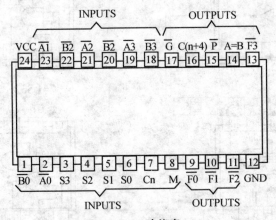

74LS181 功能表

方式				M=1 逻辑运算	M=0 算术运算	
S3	S2	S1	S0		CN=1(无进位)	CN=0(有进位)
0	0	0	0	F=/A	F=A	F=A 加 1
0	0	0	1	F=/(A+B)	F=A+B	F=(A+B) 加 1
0	0	1	0	F=/A*B	F=A+/B	F=(A+/B) 加 1

附录　实验系统硬件使用及资料查阅

续表

方式				M=1 逻辑运算	M=0 算术运算	
S3	S2	S1	S0		CN=1(无进位)	CN=0(有进位)
0	0	1	1	F=0	F=0 减 1(2 的补)	F=0
0	1	0	0	F=/(A*B)	F=A 加 A*/B	F=A 加 A*/B 加 1
0	1	0	1	F=/B	F=(A+B) 加 A*/B	F=(A+B) 加 A*/B 加 1
0	1	1	0	F=A⊕B	F=A 减 B 减 1	F=A 减 B
0	1	1	1	F=A*/B	F=A*/B 减 1	F=A*/B
1	0	0	0	F=/A+B	F=A 加 A*B	F=A 加 A*B 加 1
1	0	0	1	F=/(A⊕B)	F=A 加 B	F=A 加 B 加 1
1	0	1	0	F=B	F=(A+/B) 加 A*B	F=(A+/B) 加 A*B 加 1
1	0	1	1	F=A*B	F=A*B 减 1	F=A*B
1	1	0	0	F=1	F=A 加 A	F=A 加 A 加 1
1	1	0	1	F=A+/B	F=(A+B) 加 A	F=(A+B) 加 A 加 1
1	1	1	0	F=A+B	F=(A+/B) 加 A	F=(A+/B) 加 A 加 1
1	1	1	1	F=A	F=A 减 1	F=A

注：输入为 A 和 B，输出为 F，为正逻辑。

10. 74LS175 四 D 型触发器

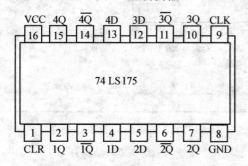

74LS175 功能表

CLR	CLK	D	Q	$\overline{Q}$
0	X	X	0	1
1	↑	1	1	0
1	↑	0	0	1
1	0	X	Q_0	$\overline{Q_0}$

注：Q_0 = 在时钟脉冲的上升沿之前 Q 的输出。

11. 74LS244 非反相三态输出

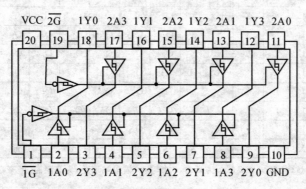

12. 74LS245 八总线传送接收器(非反相三态输出)

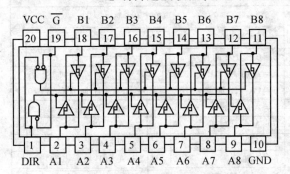

74LS245 功能表

使能 G	方向控制 DIR	操 作
L	L	B数据至A总线
L	H	A数据至B总线
H	X	隔开

注:H=高电平,L=低电平,X=不定。

13. 74LS299 八位双向通用移位/存储器(三态输出)

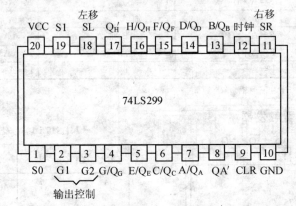

74LS299 功能表

模式	清除	功能选择 S0	S1	输出控制 $\overline{G1}$	$\overline{G2}$	时钟	串入 SL	SR	A/Q_A	B/Q_B	C/Q_C	D/Q_D	E/Q_E	F/Q_F	G/Q_G	H/Q_H	输出 QA'	QH'
清除	L	X	L	L	L	X	X	X	L	L	L	L	L	L	L	L	L	L
	L	L	L	L	L	X	X	X	L	L	L	L	L	L	L	L	L	L
保持	H	L	L	L	L	X	X	X	Q_{A0}	Q_{B0}	Q_{C0}	Q_{D0}	Q_{E0}	Q_{F0}	Q_{G0}	Q_{H0}	Q_{A0}	Q_{H0}
	H	X	L	L	L	X	X	X	Q_{A0}	Q_{B0}	Q_{C0}	Q_{D0}	Q_{E0}	Q_{F0}	Q_{G0}	Q_{H0}	Q_{A0}	Q_{H0}
右移	H	L	H	L	L	↑	X	H	Q_{An}	Q_{Bn}	Q_{Cn}	Q_{Dn}	Q_{En}	Q_{Fn}	Q_{Gn}	H	Q_{Gn}
	H	L	H	L	L	↑	X	L	Q_{An}	Q_{Bn}	Q_{Cn}	Q_{Dn}	Q_{En}	Q_{Fn}	Q_{Gn}	L	Q_{Gn}
左移	H	H	L	L	L	↑	H	X	Q_{Bn}	Q_{Cn}	Q_{Dn}	Q_{En}	Q_{Fn}	Q_{Gn}	Q_{Hn}	Q_{Bn}	H
	H	H	L	L	L	↑	L	X	Q_{Bn}	Q_{Cn}	Q_{Dn}	Q_{En}	Q_{Fn}	Q_{Gn}	Q_{Hn}	Q_{Bn}	L
置数	H	H	H	X	X	↑	X	X	a	b	c	d	e	f	g	h	a	h

注意:当输出控制 G1 或 G2 任意一个或两个为高时,8 个输入/输出端禁止,为高阻态,但寄存器的时序工作和清除功能不受影响。

14. 74LS373

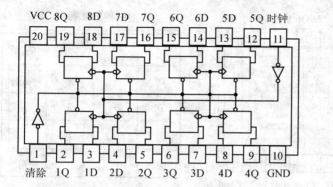

74LS373功能表

输 入			输出
清除	时钟	D	Q
L	X	X	L
H	↑	H	H
H	↑	L	L
H	L	X	Q0

15. 74LS273

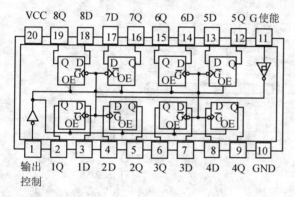

74LS273功能表

输出控制	G	D	输出
L	H	H	H
L	H	L	L
L	L	X	Q0
H	X	X	Z

16. 74LS374

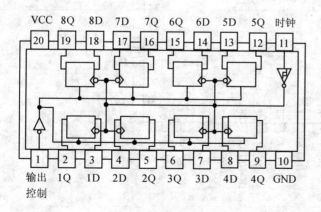

74LS374功能表

输出控制	G	D	输出
L	↑	H	H
L	↑	L	L
L	L	X	Q0
H	X	X	Z

17. 6116

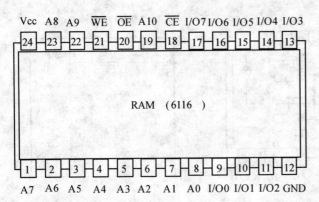

18. ispLSI1016E

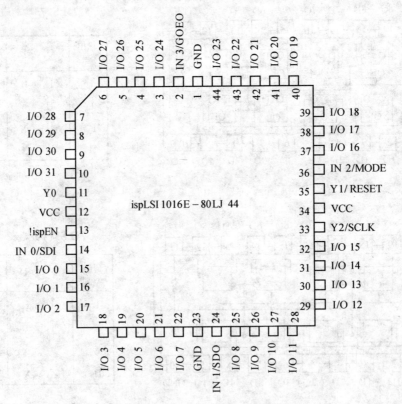

19. IspLSI1032E

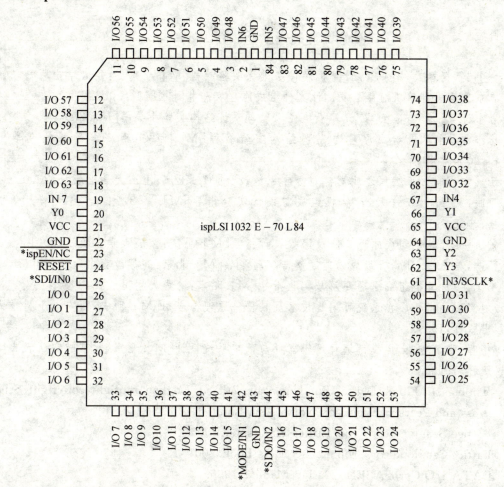

参考文献

[1] 白中英,杨春武,冯一兵.计算机硬件基础课实验教程[M].北京:清华大学出版社,2005.

[2] 启东达爱思计算机有限公司.计算机组成原理实验指导书[M].2003.

[3] 启东计算机厂有限公司.计算机组成原理与系统结构实验指导书[M].2004.

[4] 杨小龙.计算机组成原理与系统结构实验教程[M].西安:西安电子科技大学出版社,2004.

[5] 汤琳宝,陈恒.可编程逻辑器件与数字系统设计[M].上海:上海大学出版社,2000.

[6] 王诚,刘卫东,宋佳兴.计算机组成与设计实验指导[M].第2版.北京:清华大学出版社,2006.

[7] 张庸一.计算机组成原理实验及课程设计指导[M].重庆:重庆大学出版社,2001.

[8] 顾浩,姜永辉.计算机组成原理题解与实验指导[M].北京:高等教育出版社,2006.

[9] 李文兵.计算机组成原理题解与实验指导[M].北京:清华大学出版社,2000.

[10] 刘笃仁,杨万海.在系统可编程技术及其器件原理与应用[M].西安:西安电子科技大学出版社,1999.

[11] 杨晖,张凤言.大规模可编程逻辑器件与数字系统设计[M].北京:北京航空航天大学出版社,1998.

[12] Thomas L. Floyd. Digital Fundamentals. 7th ed. English repright copyright Science Press and Pearson Education North Asia Limited,2002.

[13] Lattice Semilondicor Crop. Littice Handbook. 2000.

[14] Lattice Semilondicor Crop. Lattice Data Book. 2001.

[15] DATA I/O Corp. ABEL - Design Manual. 1996.